木兰林场
近自然森林经营技术

河北省木兰围场国有林场 编

中国林业出版社

China Forestry Publishing House

图书在版编目（CIP）数据

木兰林场近自然森林经营技术 / 河北省木兰围场国有林场编.
-- 北京：中国林业出版社，2025.3.
ISBN 978-7-5219-3145-7

Ⅰ.S75

中国国家版本馆CIP数据核字第20250735WB号

策划编辑：李　　敏
责任编辑：王美琪
封面设计：北京八度出版服务机构
_____

出版发行：中国林业出版社
　　　　（100009，北京市西城区刘海胡同 7 号，电话 010-83143575）
电子邮箱：cfphzbs@163.com
网址：www.cfph.net
印刷：河北京平诚乾印刷有限公司
版次：2025 年 3 月第 1 版
印次：2025 年 3 月第 1 次
开本：889mm×1194mm　1/16
印张：9.75
字数：180 千字
定价：98.00 元

《木兰林场近自然森林经营技术》

编委会

序

在我面前摆放着《木兰林场近自然森林经营技术》书稿，内心深感欣慰。地处河北省围场满族蒙古族自治县的木兰林场是我国北方地区开展森林可持续经营的重要试点单位，积累了丰富的实践经验，也有一定的理论创新。此书是林场全体职工长期坚持实践探索，用他们的智慧和汗水凝结出来的成果，对于北方地区乃至全国的国有林场和集体林业经营单位都有示范参考价值。

我和木兰林场曾经有过长期的接触和交流。早在1965年深秋，我和北京林学院（今北京林业大学）的一批青年教师曾在木兰林场（时称孟滦林管局）下属的新丰林场蹲点实践，参加过秋季植苗造林，栽了一小片华北落叶松幼林，还参加了一片杨桦次生林的抚育采伐，设置了试验标准地。通过这些活动，我们和林场职工打成一片，学习他们的实际经验，体会他们长期从事林业劳动的艰辛，使我们在心灵上和实际知识积累方面都有所提升。现在回想起当时在林场的蹲点生活，仍留下了鲜活的印象。在这批到木兰林场蹲点的青年教师中后来竟然出了两位院士，除了我之外，还有一位中国科学院的李文华院士，是否也可传为佳话。

1965年初冬从木兰林场撤回，又考察了几个承德地区的林场和苗圃后回到学校。过后不久就迎来了全国性的大动荡时期，一切业务活动几乎停摆，也就中断了和木兰林场的后续接触。"文化大革命"过去，改革开放时期各项事业都蓬勃发展，我也从一个中年教师逐步走向成熟，职务职称不断晋升，工作任务也不断加负，到全国各地多有活动，却直到2019年我已八十多岁高龄的时候才有机会再次来到了木兰林场，而且在2022年和2023年又连续两次到木兰林场考察调研。这个时期的木兰林场已今非昔比，不仅是经济实力有了很大提升，场站基本建设不断完善，更重要的是林场在森林的可持续经营方面做出了许多创新性的工作，在吸收学习欧洲的近自然森林经营技术先进经验，并使之与中国北方森林的实际情况相结合的探索实践领域走在了全国的前列。难能可贵的是他们没有单纯模仿复制欧洲近自然经营的一些具体做法，而是创造性地分别针对不同的森林立地及森林类型制定了一套完整的近自然森林经营技术体系，建立了多种经营技术模式，并走到了小流域综合经营的前沿。我参观考察了几个经营模式的现场，从林木的长势、林分结构的优化及前更幼树（主伐前更新的幼树）的出现等几个方向都显示这些经营做法是有很好的实效的。当然，这些由木兰林场创造的技术内容都还有进一步发展的空间。

当前全国的林业发展形势很好，国家林业和草原局推动全国森林可持续经营的试点工作，力度很大，全国很多国有林场及其他营林单位都跃跃欲试。在这样的时刻木兰林场编辑出版了这本专门探讨森林可持续经营的专著，无疑是很好地配合了国家需求，对森林可持续经营起到一定的助推作用。愿木兰林场一如既往奋力前进，为国家林草业的发展做出更大的贡献！

沈国舫

2025 年 3 月 30 日

前　言

河北省木兰围场国有林场（以下简称"木兰林场"），直属于河北省林业和草原局，公益一类事业单位。木兰林场共设置18个职能科室，下辖13个基层单位［11个分场、1个林木良种苗木繁育场（简称"良繁场"）、1个规划院］，分场（含良繁场，下同）管理层级下又区划56个营林区，总体实施林场—分场—营林区三级管理。

截至2023年年初，木兰林场现有在岗职工836人，其中600余人具有大专以上学历。具有正高级职称74人，副高级职称96人，中级职称148人，技术力量雄厚。

木兰林场机关坐落在围场满族蒙古族自治县（简称"围场县"）县城，12个分场全部位于乡镇村周边，全部通柏油路，交通便利；分场场部均为现代化楼房，集办公、住宿为一体，水、电、信、网配备齐全，同时各分场全部建有职工食堂，工作、生活条件优越；每个分场有2～4辆业务或办公用车，能满足工作需要。

全场各营林区全部通"村村通"村级公路，建有标准化办公室和职工宿舍，水、电、信、网通达，宿舍设置独立卫生间，生活物资齐全。

木兰林场根据林区资源分布、森林经营和资源管护实际需要，对林区道路进行科学规划，逐步形成布局科学化、功能多样化、效益最大化的林区道路网络。截至2023年年末，木兰林场自建林路里程达到683km，路网密度达到6.4m/hm^2，个别分场达到10m/hm^{2}以上。

林草兴则生态兴，生态兴则文明兴。森林和草原对国家生态安全具有基础性、战略性作用，党的十八大将生态建设纳入"五位一体"总体布局之中，将生态建设提升到国家战略。林草建设是生态文明建设的主阵地，担负着不可替代的重要作用。国有林场作为我国生态建设的主力军，是全国林业的骨干力量，在全国林业建设中起着引领和示范推广的重要作用，如何实现"越采越好、越采越多、青山常在、永续利用"的森林经营目标，是林业在新发展阶段、在新发展理念指导下需要研究解决的关键课题之一。

森林经营是以建立稳定、健康、优质、高效的森林生态系统为目标，通过科学有效地实施各种经营措施，修复和增强森林的多种功能，不断提高森林质量，而开展的一系列贯穿于整个森林生长周期保护和培育森林的活动。通过合理的森林经营，使森林达到结构合理、生态良好、功能完备、物种丰富、健康稳定，使森林的生态、经济和社会效益得到充分发挥，对于我国森林资源可持续发展、保障我国林业经济平稳推进都有着重要的战略性意义。

　　森林经营能够提升森林的生态效益。科学的森林经营工作能够促进森林生态系统的循环和更新，能够进一步提高森林质量，对于我国生态环境建设具有重要的意义。

　　木兰林场地处滦河上游地区，属于国家重点生态功能区、京津冀水源涵养功能区和浑善达克沙地沙漠化防治功能区。既是护卫京津、蓄水养源的重要基地，也是阻挡浑善达克沙地南侵的首要生态屏障。2021年年底，根据国有林场GEF项目中生态环境部规划设计院有关专家估算，木兰林场森林生态系统生产总值为325亿元。其中，调解服务价值量最大，占比达到99.87%，主要包含了物种保育、土壤保持、空气净化、水源涵养、防风固沙等。

　　森林经营能有效提升森林的经济效益。通过科学的森林经营，调整森林结构，能有效保持林分的健康结构，提高森林的抗干扰能力，从而有利于实现木材的可持续生产，使之一直处于或是趋向于最佳状态，同时促进大径材的培育，在产量和价值上明显提升，通过营造混交林、重视珍贵树种引进、强化优质乡土树种培育等，形成树种多样、混交的复合型林分，精准提升森林质量，近10年来，木兰林场每年仅生产木材就创造经济效益3000余万元，其他林木种苗、林副产品等收入更是逐年提高，经济效益明显。

　　森林经营能有效提升森林的社会效益。随着社会经济的发展，人类文明程度的增加和人民生活水平的提高，森林的社会效益越来越显示出其重要性和不可替代性，通过森林经营打造山清水秀的自然景观，是生态旅游的最佳选择，对于满足人民日益增长的美好生态环境需要意义重大。围场县每年接待休闲避暑游客约300万人次，年旅游产值约20亿元。作为围场县林业行业的重要支撑单位，木兰林场森林面积占围场县全域森林面积的18.4%，林业生态建设和产业发展不仅成为县域经济的重要组成部分，而且为当地居民提供了大量的就业岗位，有效带动林区农民致富。居民到森林中采集蘑菇、药材等，可获得一定的收入。据不完全统计，在采收旺季，农牧民每天收入可达200元以上。同时，林场辖区内居住大量的农牧民，其中约1/3的人口取暖、做饭仍以木柴为主，通过森林经营为其提供必需的薪材。通过生态建设、产业发展、生态效益补偿、林业科技服务、发展林下经济等措施，将为当地脱贫攻坚及其成效巩固持续发挥重要作用。森林物种丰富、气候多样，也使其成为了科学研究的重要基地。

　　针对木兰林场的森林资源特征、功能定位以及森林经营中存在的问题，木兰林场引进近自然育林理念，开展了木兰林场近自然森林经营技术研究，经过近20年的深入研究和试验示范，形成了适应于木兰林场的近自然森林经营技术体系，并取得了良好的效果。

　　本书是木兰林场在全面实践验证基础上的总结归纳，对全国森林经营特别是北方地区森林经营具有借鉴意义。本书着重于实践技术层面的介绍，文字水平有限，虽尽力完善，但不足之处在所难免，恳请各位专家和同仁批评指正。

编委会

2024年12月

目 录

第6章　主要经营技术模式及典型案例 ································· 061

附录 | 中文名索引 *
Appendix I: Chinese Species Name Index

* 按中文音序排列，别名的页码字体加粗。

附录Ⅱ 学名索引
Appendix II: Scientific Species Name Index

第1章

木兰林场自然概况

1.1 自然地理

1.1.1 地理位置

木兰林场地处蒙古高原和冀北山地的汇接地带，行政区位在围场县境内的部分坝上地区及坝上以南地区。地理坐标为北纬41°35′~42°40′、东经116°32′~117°14′。场址距承德140km、北京340km、天津440km，东邻内蒙古赤峰市，北接塞罕坝机械林场，西北与御道口牧场和卡伦后沟牧场相连，西南与河北省丰宁满族自治县、隆化县接壤。

1.1.2 地质地貌

木兰林场地处浑善达克沙地南缘的滦河上游地区，是阴山、大兴安岭、燕山余脉的结合部，属于河北地质构造4个区中的内蒙古台背斜区，地形山峦起伏、沟壑纵横、复杂多样。地貌类型以高原(坝上)、山地为主，另外还有半固定沙丘、风蚀凹地等。高原斜卧于北部，呈东北西南方向，东北高而西南低，坝下冀北山地分中山、低山、黄土台地、谷地(河北川地)，地势西北高东南低，海拔750~1998m。

1.1.3 气 候

因林场地处蒙古高原和燕山余脉汇合点，由北向南跨两个地貌单元，导致不同区域的气候条件差别很大，小气候差异严重，属于寒温带向中温带过渡、半干旱向半湿润过渡、大陆性季风型山地气候，冬季酷寒干燥，夏季凉爽无暑热，春秋两季多风沙。具有水热同季、冬长夏短、春季偏旱、四季分明、昼夜温差大的特征。全年无霜期67～128d，年平均气温 -1.4～4.7℃，极端最高气温38.9℃，极端最低气温 -42.9℃，≥10℃积温1575～1749℃，年均日照小时数2834h，日照率为63%，气温和日照总的趋势是由南向北递减。年降水量为380～560mm，主要集中在7月、8月、9月这3个月，占全年降水总量的78%，年蒸发量1462～1556mm，平均相对湿度63%。年晴天稳定系数65%，≥6级大风日数27d。大于25mm的降水次数，年平均3.3次。

1.1.4　土　壤

林区土壤母质包括残坡积母质、坡积母质、黄土母质、冲洪积母质、洪积母质、冲积母质、风积母质。土壤包括棕壤、褐土、风砂土、草甸土、沼泽土、灰色森林土、黑土等7个土类15个亚类66个土属143个土种。

1.1.5　河流水文

林区所在滦河水系流域面积6451.07km²，位于潘家口水库上游，是天津人民生产、生活用水的重要水源涵养区和补水区。流域地表水资源主要来自大气降水。地表水资源量平均值为5.07亿m³，其中，伊逊河流域1.46亿m³，伊玛图河流域0.82亿m³，小滦河流域1.00亿m³，阴河流域0.73亿m³。各河流均属滦河水系和辽河水系源头，无入境客水，均是自产水。由于林区内森林覆盖率较高，涵养水源的能力强，在维护区域水资源安全与生态安全中发挥着重要作用。

1.1.6　其他非生物资源

旅游资源：由于林区具有地处京津附近的地理优势，天然林资源丰富的生态优势，清代皇家猎苑的历史文化优势，所以有极为丰富的旅游资源。

矿产资源：林区内蕴藏着硅砂、萤石、铁矿等矿产资源，其中河北省木兰围场国有林场龙头山分场的硅砂矿具有储量大、品质高、易开采、运输方便等特点，曾是全国铸造用硅砂的主要输出地。

1.2 森林资源

1.2.1 森林面积、蓄积量

截至2023年年初，木兰林场总经营面积105847.32hm²，共辖12个分场［含龙头山林木良种繁育场（简称"龙头山良繁场"）］，其中乔木林地面积89756.59hm²，活立木总蓄积量8148144.60m³，乔木林总蓄积量8106097.50 m³（表1-1）。

表1-1　2023年森林资源统计

林　场	经营面积（hm²）	乔木林地面积（hm²）	活立木蓄积量（m³）	乔木林蓄积量（m³）
八英庄分场	7881.58	6710.21	521939.80	520458.40
北沟分场	5935.78	5142.59	426329.10	422340.50
克勒沟分场	6630.03	5320.53	435068.50	434127.70
龙头山分场	9941.29	8556.31	884090.70	882721.90
孟滦分场	18142.60	15518.55	1259871.70	1247705.10
山湾子分场	6564.28	4599.64	359183.50	357012.50
四合永分场	3695.24	3427.25	264277.80	263614.40
桃山分场	14795.14	12257.31	1191907.60	1181884.10
五道沟分场	5959.63	4708.39	450557.60	447126.30
新丰分场	6089.48	5867.16	625386.60	623930.20
燕格柏分场	17636.43	15290.38	1478959.80	1474922.10
龙头山良繁场	2575.84	2358.27	250571.90	250254.30
合　计	105847.32	89756.59	8148144.60	8106097.50

1.2.2　主要树种年龄、胸径和树高

从树种结构看，木兰林场培育树种比较单一，主要树种有华北落叶松（*Larix principis-rupprechtii*）、白桦（*Betula platyphylla*）、油松（*Pinus tabuliformis*）、蒙古栎（*Quercus mongolica*）、山杏（*Armeniaca sibirica*）、樟子松（*Pinus sylvestris var. mongolica*）、山杨（*Populus davidiana*），这7个树种就占到了全部树种面积的95.0%（图1-1）。虽然也引进了红松（*Pinus koraiensis*）、黄波罗（*Phellodendron amurense*）、水曲柳（*Fraxinus mandshurica*）等树种，但是占比很小。

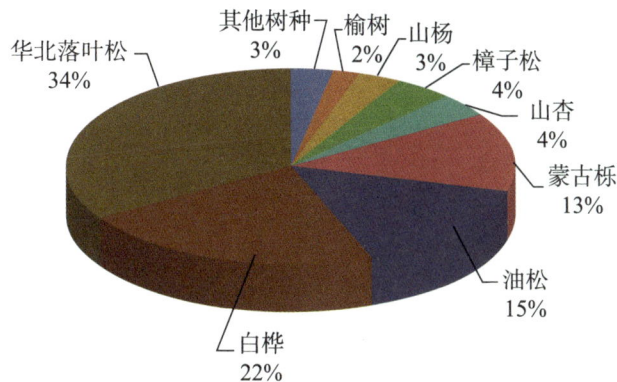

图1-1　木兰林场主要树种面积构成

木兰林场森林整体林龄偏小，主要集中在30～50年，50年以上的很少，并且以阔叶矮林为主，质量比较低（表1-2），平均胸径主要集中在10～20cm（表1-3），整体树高主要集中在5～15m（表1-4）。

表1-2　主要树种林龄分布

hm²

树种	面积	林龄（年）										
		1~10	11~20	21~30	31~40	41~50	51~60	61~70	71~80	81~90	91~100	101~120
华北落叶松	32757.90	658.89	3203.64	5187.35	9219.73	11019.50	2901.01	72.63	112.75	287.59	94.81	
白桦	21469.80	39.21	63.51	853.83	4882.27	5173.81	3922.90	3924.54	2505.45	104.28		
油松	12607.93	834.28	769.62	257.76	1474.92	4452.80	3502.23	882.76	263.59	58.24	87.09	24.64
蒙古栎	11780.09	20.72	110.00	601.17	1945.34	2602.92	2700.63	2432.05	1287.84	79.42		
山杨	3139.38	7.45	5.80	380.78	1429.61	904.93	302.94	104.27	3.60			
山杏	3131.29	2.73	78.43	679.29	1285.66	779.33	197.68	78.50	29.67			
樟子松	1557.04	1073.94	310.22	28.89	91.58	51.95	0.46					
榆树	1391.48	2.72	3.07	66.22	345.07	388.57	290.30	164.00	97.60	28.86	5.07	
针阔混交林	998.13	12.45	18.62	52.12	278.53	203.33	169.38	110.56	86.67	17.48	48.99	
云杉	450.50	86.69	127.72	55.30	106.02	13.73	28.05	29.20	3.79			
慢生杨	198.24	11.06	21.46	10.29	15.94	30.67	53.05	50.93	4.84			
五角枫	77.74				29.07	28.86	15.73	4.08				
其他硬阔	63.86	0.55	10.02	33.69	8.75			10.85				
椴树	56.85				25.23	24.83	6.79					
丁香	34.84				13.20	21.64						
核桃楸	19.54				5.16	5.45		14.09				
针叶混	9.34			3.50	5.84							
柳树	6.58				6.58							
山榆	5.16				5.16							
速生杨	0.90						0.90					
合计	89756.59	2750.69	4722.11	8210.19	21168.50	25702.32	14092.05	7878.46	4395.80	575.87	235.96	24.64
比例（%）	100.00	3.06	5.26	9.15	23.58	28.64	15.70	8.78	4.90	0.64	0.26	0.03

表1-3 主要树种胸径分布

hm²

树种	面积	胸径（cm）									
		0.1~5	5.1~10	10.1~15	15.1~20	20.1~25	25.1~30	30.1~35	35.1~40	40.1~45	45.1~50
华北落叶松	32757.90	753.35	4461.35	11123.08	10904.55	4829.24	356.96	187.54	124.77		17.06
白 桦	21469.80	69.31	256.15	8539.20	9838.02	2732.98	34.14				
油 松	12607.93	1164.46	627.17	3104.23	5659.16	1895.26	116.89	24.74	16.02		
蒙古栎	11780.09	63.26	1544.48	7386.63	2491.12	288.96	5.64				
山 杨	3139.38	5.84	50.44	1059.33	1568.97	361.65	93.15				
山 杏	3131.29	3131.29									
樟子松	1557.04	1288.12	99.25	32.65	45.83	37.84	53.35				
榆 树	1391.48	3.57	89.07	635.52	501.9	125.51	21.63	14.28			
针阔混交林	998.13	10.73	22.73	399.07	453.24	91.81	20.55				
云 杉	450.5	141.72	121.34	63.13	48.00	58.20	18.11				
慢生杨	198.24		14.07	34.09	57.51	18.63	39.38	34.56			
五角枫	77.74		15.71	42.21	13.48	6.34					
其他硬阔	63.86	10.57	33.70	19.59							
椴 树	56.85		4.78	35.29		9.99	6.79				
丁 香	34.84		21.64	13.20							
核桃楸	19.54			9.24			10.30				
针叶混	9.34			9.34							
柳 树	6.58			6.58							
山 榆	5.16	5.16									
速生杨	0.90				0.90						
合 计	89756.59	6647.38	7361.88	32512.38	31582.68	10456.41	776.89	261.12	140.79	0.00	17.06
比例（%）	100.00	7.40	8.20	36.22	35.19	11.65	0.87	0.29	0.16	0.00	0.02

表1-4　主要树种树高分布

hm²

树　种	面积合计	树高（m）			
		≤5	5.1～10	10.1～15	15.1～20
华北落叶松	32757.90	3110.67	7692.22	21599.04	355.97
白　桦	21469.80	72.35	5656.90	15740.55	
油　松	12607.93	1661.28	3891.36	7055.29	
蒙古栎	11780.09	817.82	10750.31	211.96	
山　杨	3139.38	41.92	223.92	2807.28	66.26
山　杏	3131.29	3095.06	27.13	9.10	
樟子松	1557.04	1405.66	136.66	14.72	
榆　树	1391.48	79.91	882.75	428.82	
针阔混交林	998.13	19.30	580.78	398.05	
云　杉	450.50	256.96	187.93	3.79	1.82
慢生杨	198.24	3.24	70.59	95.93	28.48
五角枫	77.74		77.74		
其他硬阔	63.86	44.26	19.60		
椴　树	56.85		56.85		
丁　香	34.84		26.38	8.46	
核桃楸	19.54		19.54		
针叶混	9.34		9.34		
柳　树	6.58		6.58		
山　榆	5.16	5.16			
速生杨	0.90			0.90	
合　计	89756.59	10613.59	30316.58	48373.89	452.53
比例（%）	100.00	11.82	33.78	53.89	0.51

1.2.3 森林起源

木兰林场乔木林总面积89756.59hm^2，总蓄积量8106097.50m^3，其中人工林面积47065.06hm^2，蓄积量4685720.00m^3；天然林面积42691.53hm^2，蓄积量3420377.50m^3（表1-5）。

表1-5　森林起源统计

林　场	总面积（hm^2）	总蓄积量（m^3）	人工林		天然林	
			面积（hm^2）	蓄积量（m^3）	面积（hm^2）	蓄积量（m^3）
八英庄分场	6710.21	520458.40	5353.24	432161.90	1356.97	88296.50
北沟分场	5142.59	422340.50	3259.76	278726.00	1882.83	143614.50
克勒沟分场	5320.53	434127.70	5040.70	430490.40	279.83	3637.30
龙头山分场	8556.31	882721.90	6808.84	773929.40	1747.47	108792.50
孟滦分场	15518.55	1247705.10	5065.32	493831.00	10453.23	753874.10
山湾子分场	4599.64	357012.50	3099.15	257359.00	1500.49	99653.50
四合永分场	3427.25	263614.40	2019.09	178003.50	1408.16	85610.90
桃山分场	12257.31	1181884.10	5063.94	574270.00	7193.37	607614.10
五道沟分场	4708.39	447126.30	1562.03	215094.70	3146.36	232031.60
新丰分场	5867.16	623930.20	2748.66	292913.10	3118.50	331017.10
燕格柏分场	15290.38	1474922.10	5167.72	552030.00	10122.66	922892.10
龙头山良繁场	2358.27	250254.30	1876.61	206911.00	481.66	43343.30
合　计	89756.59	8106097.50	47065.06	4685720.00	42691.53	3420377.50

1.2.4 森林类别

木兰林场商品林面积19838.07hm^2，蓄积量1816098.90m^3；公益林面积69918.52hm^2，蓄积量6289998.60m^3（表1-6）。

表1-6　不同森林类别面积、蓄积量统计

森林类别	面积（hm²）	蓄积量（m³）
商品林	19838.07	1816098.90
公益林	69918.52	6289998.60
总　计	89756.59	8106097.50

1.2.5　保护区概况

木兰林场与滦河上游国家级自然保护区为一套人马两块牌子。

木兰林场总经营面积105847.32hm²，蓄积量8148144.6m³。其中，保护区面积29181.07hm²，占比27.57%，蓄积量2387013.2m³，占比29.30%。保护区中核心区面积10887.16hm²，占比10.29%，蓄积量872335.4m³，占比10.71%；缓冲区面积4841.38hm²，占比4.57%，蓄积量405001.9m³，占比4.97%；实验区面积13452.53hm²，占比12.71%，蓄积量1109675.9m³，占比13.62%（表1-7）。

表1-7　资源概况统计

类　别	面积（hm²）	面积占比（%）	蓄积量（m³）	蓄积量占比（%）
核心区	10887.16	10.29	872335.4	10.71
缓冲区	4841.38	4.57	405001.9	4.97
实验区	13452.53	12.71	1109675.9	13.62
保护区合计	29181.07	27.57	2387013.2	29.30
非保护区合计	76666.25	72.43	5761131.4	70.70
总　计	105847.32	100.00	8148144.6	100.00

1.2.6　植物资源

林区属于温带草原地带高原东部森林草原区与暖温带落叶阔叶林地带燕山山地落叶阔叶林、温带针叶林区的交接带，植被主要由灌丛、落叶阔叶林、针叶林和亚高山草甸组成。区内地貌类型多样，气候多变，蕴藏着丰富的植物资源。据调查，林区内有各种植物142科501属1096种，包括国家重点保护野生植物22种，其中有国家二级重点保护野生植物核桃楸（*Juglans mandshurica*）、蒙古黄芪（*Astragalus membranaceus* var. *mongholicus*）、野大豆（*Glycine soja*）、刺五加（*Acanthopanax senticosus*）等。乔木树种主要有华北落叶松、油松、樟子松、白桦、云杉（*Picea asperata*）、山杨、蒙古栎、五角枫（*Acer mono*）、核桃楸等。灌木有绣线菊（*Spiraea salicifolia*）、映山红（*Rhododendron simsii*）、胡枝子（*Lespedeza bicolor*）、八仙花（*Hydrangea macrophylla*）、稠李（*Padus racemosa*）、北五味子（*Schisandra chinensis*）等。草本植物以菊科为主、主要有铁秆蒿（*Artemisia gmelinii*）、大油芒（*Spodiopogon sibiricus*）、金莲花（*Trollius chinensis*）、薹草（*Carex* sp.）等。

1.2.7　动物资源

林区内地貌类型多样，气候多变，形成了丰富的动植物资源。据调查，有陆生野生脊椎动物317种，昆虫970种；其中国家重点保护野生动物45种，主要有黑鹳（*Ciconia nigra*）、金雕（*Aquila chrysaetos*）、白头鹤（*Grus monacha*）、大鸨（*Otis tarda*）、豹（*Panthera pardus*）、狍（*Capreolus pygargus*）、狼（*Canis lupus*）、狐狸（*Vulpes vulpes*）、野猪（*Sus scrofa*）、鸳鸯（*Aix galericulata*）、黑琴鸡（*Lyrurus tetrix*）等。

陆栖脊椎动物季节性的组成情况：在两栖、爬行和哺乳动物中，冬眠种类26种，非冬眠种类40种；在鸟类中，夏候鸟81种，冬候鸟9种，旅鸟88种，留鸟50种，该地区繁殖鸟类（留鸟和夏候鸟）最多，共131种，约占鸟类总数的57.46%，构成本地区的基本种群。区域内进行繁殖的各种动物种类多达200种，常年在此进行生命活动的陆生脊椎动物也达百余种，季节性物种丰富度较高。

第 2 章

木兰林场森林经营历史

木兰林场的森林经营大致经历了3个阶段：商品林经营阶段、多种经营阶段和近自然经营阶段。

2.1 商品林经营阶段

1963年3月25日，为了加速恢复与发展林业生产，经河北省人民委员会批准，成立河北省孟滦国营林场管理局①（简称"孟滦林管局"），根据林业部用材林基地规划会议精神，孟滦林管局制定《孟滦林区次生用材林基地二十年规划（1963—1982）》，规划中确定了在"以林为主，多种经营"的总方针指导下，贯彻执行"以保护为基础，以改造为中心，改、抚、造、护相结合，综合抚育"的方针。

这一阶段，在国家"以造为主，造管并举，数量和质量并重"的方针指导下，孟滦林管局开始要求施工前上报方案，施工作业面积使用罗盘仪测量，自此结束了面积采用目测、无设计方案的粗放管理模式。造林中还提出了栽前整地、适地适树、合理密植等技术措施。改小片分散造林为尽量集中连片造林，逐沟逐坡营造大面积的油松、落叶松、云杉等针叶纯林。

在森林经营中，孟滦林管局贯彻了"以育为主，抚育、利用、改造相结合"的方针，全面开展森林经营工作。新中国成立后，林区内封养起来的天然林大多林相不整齐、林窗较大，为了使这部分林分变为优质高产林，首先，采用"穿裙子、戴帽子、补窟窿"的方法使残缺不全的林分逐渐连片，扩大森林面积。其次，改变过去单纯依靠萌芽更新和天然下种更新的做法，开始了大规模人工更新和疏林改造。在成林抚育上，采用"砍劣留优、砍小留大、砍密留稀"的原则，并因地制宜地采取透光伐、下层疏伐、综合疏伐、采育择伐等多种抚育措施，较为合理地抚育了大面积成林，在一定程度上提高了林分质量和生长率。在经营方法上，尽量采取逐沟逐坡进行的方法，以有利于更新后的抚育管护，降低了抚育管理的成本。

在此阶段，林业部为开展北方次生林经营试验，在新丰林场先后投资40余万元，

---

① 木兰林场原名河北省孟滦国营林场管理局，2006年更名为河北省木兰围场国有林场管理局，2019年又更名为河北省木兰围场国有林场。

开展了次生林抚育和改造的技术试验。在试验中把次生林划分成了灌木林、疏林、低产林、幼壮林、成熟林、经济林6个经营类型，分别制定了不同的经营措施。为次生林的经营摸索出了一套成功的经验，并在全局推广。在森林管护方面，贯彻"造管并举""三分造，七分管"的方针，较系统地开展了森林保护工作，坚持造一片、管一片、成一片，实现了全局森林数量和质量不断提升，覆盖率逐年提高。

2.2　多种经营阶段

经过第一阶段20余年的森林经营活动，孟滦林管局森林面积已发展到7.3万hm^2，蓄积量300万m^3。尽管森林资源总量较大，但森林经营长周期的特性带来的一些问题也逐渐凸显。20余年营造起来的中幼龄林面积为6.7万hm^2，占全部森林面积的90%，基本处在"有入无出"的抚育阶段，需要大量的资金投入。特别是国家实行限额采伐后，次生林主伐、改造的规模受到限制，通过采伐得到林产品的收入已不能满足正常的营林生产活动，建设资金不足严重制约了森林经营活动的开展。这一现象不仅局限于孟滦林管局，也成为全省林业发展的拦路虎。当时河北省可供采伐的成熟林面积仅占全省森林面积的2%，蓄积量只占5%。针对全省林业发展面临的这一困境，1987年，河北省林业厅在北戴河召开了"关于国营林场调整林业产业结构，发展商品经济，提高经济效益"的会议，会议要求集中主要力量开展多种经营活动，以改变国营林场森林经营管理发展的低迷状态。

1987—2000年，孟滦林管局在全局范围开展多种经营活动，在种植、养殖、加工、汽修、硅砂等行业上积极培植新的经济增长点，一定时期内实现了较好的经济效益，对保障孟滦林管局稳定发展起到了重要的推动作用，缓解了森林经营活动的经济压力，具有代表性的孟滦造型材料厂在孟滦林管局改制时都一直处于产品即产即销的盈利状态。

这一时期，在大力开展多种经营活动的同时，森林经营的脚步也一刻没有停滞。首先，针对新时期对领导干部的"革命化、年轻化、知识化、专业化"的要求，加强了局场两级班子建设，提高了领导干部中技术人员的比例。同时加强对职工的技术业务培训。1980—1983年先后投资10万余元修建了职工培训学校，配备专职教师6人。举办了多期包括育苗、造林、森林经营、财会统计、档案管理等在内的培训班，培养了大批技术人才，其中多数人成为了各个技术岗位的骨干。对全林区森林生长量、生长率、各种不同林分的主要因子变化进行了长期观测研究，编制出了多个实用的森林经营数表，理论联系实际写出了一批颇有见地、有价值的学术论文，有效地指导了森林经营工作。

在"以营林为基础"的方针指导下，孟滦林管局几次对林区资源进行了森林经理调查，对林区资源及其生长变化做出了科学分析，对全林区的经营规划进行了总体设计，使营林工作步入了科学轨道，为森林经营提供可靠的依据，对孟滦林管局森林经营的科学化做出了一定成绩。

2.3　近自然经营阶段

20世纪末，国家对林业工作有了新的定位：林业是生态环境建设的主体，肩负着优化生态环境与促进经济发展的双重使命，要求建立比较完备的生态体系和比较发达的产业体系，三大效益兼顾，生态效益优先。进入新世纪，为实现森林资源的可持续利用和国有林场可持续发展，在总结过去经验教训的基础上，孟滦林管局采取"走出去、引进来"的思路，遍访北方国有林场，到森林经营发达的欧洲国家"求经"。在反复论证研讨的基础上，开始引进德国的近自然经营理念和技术，结合自身实际，大胆尝试，逐步摒弃以木材生产为主的思路，转向以培育优质森林、充分提高多种效益的道路，探索形成一套近自然经营技术体系。经过数年持续科学经营，森林质量得到显著提升，森林的三大效益显著增强，得到了行业内和社会各界的肯定和认可。

按照新的育林体系，木兰林场立足实际，科学编制了《木兰林场森林经营方案（2015—2024年）》（2020年进行中期调整，进一步丰富和完善了理念和技术，规划年度延长至2030年），方案得到了国家林业和草原局组织的专家论证及河北省林业和草原局的批复，顺利开始实施。木兰林场以方案为抓手，紧抓落实，加快发展，在生态保护和森林培育方面取得了长足进步，森林数量和质量得到了全面提高。

自2010年以来，木兰林场荒山造林累计1.1万hm^2，这些小班大多立地条件差、土层薄、石块多，但是整体成活率都达到了95%以上，全场基本实现宜林地灭荒。在经营中，在培育好乡土树种的基础上，强化引进珍贵树种，不断丰富适生树种。现主要目的树种由5种增加到13种，即华北落叶松、油松、云杉、樟子松、红松、核桃楸、黄波罗、水曲柳、白桦、黑桦（Betula dahurica）、蒙古栎、五角枫、椴树（Tilia tuan）等，珍贵树种比例由17%增长到22.5%。精准抚育森林9.4万hm^2，可经营森林基本抚育一遍。抚育后8年内，平均蓄积量年生长率由原来的4.1%增加到4.9%，提高0.8个百分点，每年大约多增加蓄积量4万m^3。推广目标树经营1.5万hm^2，储备优质大径级蓄积量约539万m^3。积极实施"天然林保护"，自2010年就自发停止了所有森林的商业性采伐，仅"十二五"和"十三五"期间就累计减少消耗蓄积量65万m^3。现有退化林0.5万hm^2，已完成林下更新0.2万hm^2，高效推进了天然矮林和中林向优质乔林转变，林分质量明显提升，森林更加健康稳定，生态功能发挥更加充分。人工纯林通过延长培育周期，林下更新树种增多，多树种异龄复层混交转变趋势明显，现混交人工林比例达到52.7%。通过森林面积增加、活立木蓄积量增长、森林质量提升，有效推动生态价值不断增加，2021年年底，生态环境部规划设计院专家估算木兰林场森林生态系统生产总值为325亿元。打造精品流域41个，覆盖面积3.5万hm^2；修建林路683km，路网密度达到6.4m/hm^2。

木兰林场在森林经营中取得的成绩，得到了上级领导、专家及林业同行的一致认可。木兰林场先后被国家林业和草原局评为"全国林业系统先进集体"；被全国总工会授予"全国五一劳动奖状"；被确定为"全国森林可持续经营试点单位""森林质量精准提升及监测试点单位""国家人工林可持续经营试点单位""国有林场GEF项目试点林场""森林经营方案编制示范林场""中国北方森林经营实验示范区""全国森林经营试点单位"；同时也是国家林业和草原局干部管理学院的"森林可持续经营现场教学基地"。

第3章

近自然森林经营的
概念及内涵

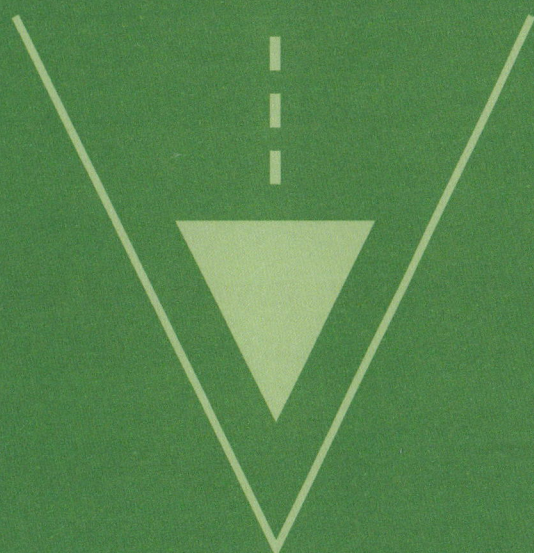

3.1 国外近自然森林经营的发展

近自然森林经营首先由德国林学家盖耶尔（Gayor）提出，他认为森林经营应该尊重自然，所有的经营活动都要符合自然发展规律，只有按规律办事，才有可能实现可持续的良性发展。这种近自然思想是继法正林理念、恒续林理念等后，在长期的演化中形成的经营思想。

从全球来看，林业发展主要经历了4个阶段：商品林利用阶段、严格保护阶段、多功能经营利用阶段和可持续发展阶段。自17世纪资本主义制度建立以来，森林就作为一种重要的能源，被高度商品化推向市场，由此带来了经济的高速发展。但是无节制的采伐利用，最终带来的是资源枯竭的危机，木材生产已经不能满足社会发展所需，同时由于大面积森林被采伐，环境恶化严重，各种自然灾害频发。至此，人们开始认识到商品化经营的缺点明显，已经不适应发展所需。到18—19世纪，林学家们开始提出森林持续利用的发展模式，认为人类对森林的采伐应该有节制、有计划，最起码要保证采伐量小于生长量，保持森林资源持续恢复，这就是后期的木材培育思想和法正林理念。同时，为了尽快恢复木材的持续供给，人们开始注重造林绿化，营建了大量的速生、丰产人工林，尤其以德国最为明显。这种做法虽然在短期内缓解了木材供给的矛盾，也有效解决了森林面积锐减问题，但是更深层次的生态压力却越来越严重。19世纪末，人们终于认识到大面积人工林的弊端：树种单一、多样性低、稳定性差，传统森林经营的思想和方法都需要改变，由此近自然森林经营的思想萌芽开始产生。

近自然森林经营理念诞生于德国，走向成熟也是在德国。1949年，德国在总结过去的森林经营经验基础上，结合本国森林资源现实，决定正式采用近自然手段经营森林。首先从组织上成立了"适应自然林业协会"；继而提出了比较全面且系统的森林经营思想，坚持培育混交、异龄森林，重点采用择伐措施。很快近自然森林经营就在德国取得了显著成效，不但保证了木材持续供给，大量出口，推动林业成为德国的支柱产业，同时也进一步缓解了环境压力。鉴于其显著成效，很多欧洲国家开始借鉴学习，到20世纪末，德国的自然林业协会发展成一个国际组织，拥有10余个欧洲国家成员。截至目前，大部分欧洲国家都在采用近自然森林经营的方法，并取得了显著成效，主要表现为森林生态系统更加稳定、抗灾能力增强、病虫害减少、森林蓄积量增加、林地质量提高等多个方面。同时，近自然森林经营在世界其他地区也得到了越来越多的关注。

在国外，普遍认为近自然森林经营是一种基于生态规律而设计的管理森林的模式，它是基于森林自然更新到稳定的顶极群落的整个森林发育演替过程来计划和设计各项经营活动，通过不断优化森林经营过程，优化森林的结构和功能，充分利用森林资源多重效益的一种森林经营模式。以永久性林分覆盖和多品质产品生产为目标，近自然森林经营以森林生态系统的稳定性、生物多样性以及系统多功能和缓冲能力分析为理论基础，把择伐和天然更新作为主要技术特征，以多树种、多层次、异龄林作为森林结构特征，对森林进行经营管理。

3.2　国内近自然森林经营研究进展

20世纪90年代初，近自然森林经营思想开始传入中国，并逐渐被学者和林业经营者所了解，并进行了实践。吴水荣等（2015）分析了德国和我国森林经营的差异，提出了近自然森林经营对我国森林经营的借鉴意义，并指出，我国森林中很大部分为退化的天然次生林，采用近自然森林经营思想和技术来经营和恢复退化林地是必然选择。湖北省林业厅采用近自然森林经营技术编制了全省森林经营规划，提出了24种森林作业法，并提出了具体的近自然森林经营技术：营造乡土树种，慎重引进外来树种；营造混交林；营造完整结构森林［乔木、下木（包括灌木、层外幼树）及地被物（包括草本、苔藓、地衣）等3个植被层］；动态选择目标树——这成为未来森林可持续经营的新趋势。唐嘉锴等（2021）论述了近自然森林经营理论在衡南县岐山森林公园管理处（衡南县岐山国有林场）示范基地中的应用情况，岐山林场通过伐除竞争木毛竹，补种乡土珍贵树种，培育混交、多层的异龄林，促使林分形成健康稳定的状态，建立起了生态稳定和物种丰富的森林结构，实现了森林可持续经营。李慧卿等从基本原则、基础问题、关键要素、预测方法、决策步骤等多个角度对近自然森林经营进行了分析总结，并介绍了欧洲广泛使用的近自然经营方式——目标树经营的具体方法。崔鹏程研究了近自然林业经营理念概述以及近自然经营过程中目标树选择的条件，提出了目标树经营的具体措施。孟睿分析了近自然森林经营与传统经营的差异，提出传统森林抚育与自然森林经营是促进区域林业发展、保护森林资源的有效手段，但经营的发展目标和侧重点不同。2011年，北京市质量技术监督局发布了北京市园林绿化局提出的《近自然森林经营技术规程》，该规程明确了近自然森林经营对象、演替阶段、经营措施、经营方案和年度作业设计的思路和方法。2017年，国家林业局发布林业行业标准《油松近自然抚育经营技术规程》，主要适用于油松纯林以及以油松为优势种的混交林的近自然抚育经营活动，提出了油松林近自然经营的目标、原则、对象、作业设计、抚育施工、分类处理、作业调查的技术要求。陆元昌等借鉴多功能林业和近自然林业的理论和方法，研究了人工林多功能经营技术体系，提出了人工林多功能经营的理论和原则、经营设计的指标体系、经营计划与作业设计、森林作业法体系、林分作业措施规范。采用系统分类、数量化和规范化方法对以上内容进行归类和整合，组装构成内容完备且不重复的技术系统。总体上形成了从理论、指标、技术、工艺到措施比较全面的人工林多功能经营技术体系。

综上所述，近自然森林经营已经得到国内很多学者和林业工作者的认可，已经取得系列研究成果。但是我国各地区的生态条件和森林资源状况存在很大差异，已有的近自然森林经营研究成果难以直接推广到其他地区。各地区需要针对本地的生态气候条件和森林资源特征，研究适合当地的近自然森林经营技术。同时，大多数的近自然森林经营研究尚处于理论层面，理论化程度高，仅形成了零散、单一的模式。这导致难以构建固定的技术模式，无法将其应用于各项具体作业措施中，进而难以大面积推广和应用。特别是作为国内森林经营主力军的国有林场，面对复杂的森林实际情况以及精准提升森林质量的要求，仍无法很好地运用理论全面指导具体工作。

3.3 木兰林场的近自然森林经营探索

历史上，木兰林场和国内大多数国有林场一样，为支援国家建设，促进社会经济发展，长期沿用传统"用材林"轮伐轮造经营模式，即重点关注造林绿化和木材采伐利用（图3-1、图3-2）。

图3-1 人工造林施工现场

图3-2 森林抚育采伐作业

一方面，组织广大干部职工，大力开展国土绿化，为了实现木材最大供给，重点营建速生丰产林，由此形成了大面积的单层针叶纯林，尤其是以华北落叶松纯林为主（图3-3）。以2009年资源数据为基础进行分析，华北落叶松、白桦、油松、蒙古栎、山杏、山杨等为优势树种的森林面积占有林地的95.2%，其中面积最大的华北落叶松占比高达33.5%（表3-1）。苗木成活以后的抚育管理就是简单的间隔期式采伐，即每隔3～5年采伐一次，重点采伐濒死树、腐朽树、被压树、弯曲树，林内的五角枫、花楸、椴树等珍稀树种同时作为"杂木"被采伐，保留相对较好的针叶和杨桦树种继续生长，直到林龄40年左右，进行皆伐，然后重新营建人工针叶纯林，如此简单循环往复。中间采伐过程中，有时为了追求木材产量，也可能采伐相对较大林木，甚至提前皆伐。

图3-3　营造大面积华北落叶松人工林

表3-1　2009年主要树种结构统计

优势树种	面积（hm²）	面积占比（%）	蓄积量（m³）	蓄积量占比（%）
华北落叶松	29794.9	33.5	1923391.7	37.1
白　桦	25351.1	28.5	1630952.8	31.4

（续）

优势树种	面积（hm²）	面积占比（%）	蓄积量（m³）	蓄积量占比（%）
油　松	11895.4	13.4	891867.0	17.2
蒙古栎	11639.9	13.1	367285.5	7.1
山　杏	3339.9	3.8	2694.6	0.0
山　杨	2574.6	2.9	206958.1	4.0
榆　树	2285.6	2.6	60552.7	1.2
栽培杨	659.0	0.7	31309.8	0.6
杨　树	596.4	0.7	36581.4	0.7
云　杉	236.8	0.3	18455.5	0.4
硬　阔	132.7	0.2	6971.9	0.1
樟子松	112.9	0.2	8444.5	0.2
丁　香	91.2	0.1	188.6	0.0
山　榆	40.7	0.0	417.8	0.0
黄　柳	40.6	0.0	—	0.0
平　榛	21.3	0.0	1144.1	0.0
柳　树	20.7	0.0	0.0	0.0
河　柳	20.2	0.0	91.6	0.0
五角枫	18.5	0.0	262.4	0.0
沙　棘	15.7	0.0	—	0.0
苹　果	5.8	0.0	—	0.0
其　他	5.7	0.0	272.6	0.0
软　阔	5.3	0.0	139.8	0.0
槭　树	2.7	0.0	—	0.0
核桃楸	1.4	0.0	0.0	0.0
椴　树	0.3	0.0	9.2	0.0
总　计	88909.3	100.0	5187991.6	100.0

　　另一方面，对于天然林，因为绝大多数都是多次经历灾害或皆伐后形成的多代萌生林，木材质量差，抚育作业投入多产出少，因此基本搁置不管。即使在部分立地较好的地块，实施少量皆伐后也是继续营建针叶林。部分天然林通过"穿裙子、戴帽子、补窟窿"，简单在林冠下和林间空地栽植了一定的其他树种，但是由于对树种生长特性认识不足，尤其是上坡位及交通不便地段，后期管理跟不上，导致引入苗木生长不良，又逐渐退出，经营效果不好（图3-4、图3-5）。

图3-4　缺乏科学管理的天然次生林

图3-5　质量残次的天然次生林质量

由此造成整体单位蓄积量低，显著低于全国平均水平；主要树种单一，导致纯林多混交林少，现有混交林质量也不高，混交树种少，单位面积蓄积量低于全场平均水平；天然次生林中萌生林占比大，林分质量残次，蓄积量更低（表3-2）；平均林龄小，平均树高和胸径偏低（图3-6～图3-8）；森林结构简单，绝大多数都是单层林，基本没有复层林；整体林地利用率和森林生产力普遍偏低，森林生态系统各种服务功能发挥不足。

表3-2　单位蓄积量统计

起　源	面积（hm²）	面积占比（%）	蓄积量（m³）	蓄积量占比（%）	单位面积蓄积量（m³/hm²）
人工林	46434.8	52.2	2940833.8	56.7	63.3
天然林	42474.5	47.8	2247157.7	43.3	52.9
总　计	88909.3	100.0	5187991.5	100.0	58.4

44415.5997hm²
50%

19338.9165hm²
22%

■ 0～5mm
■ 5.1～10.0mm
■ 10.1～15.0mm
■ 15.1mm以上

24514.3811hm²
28%

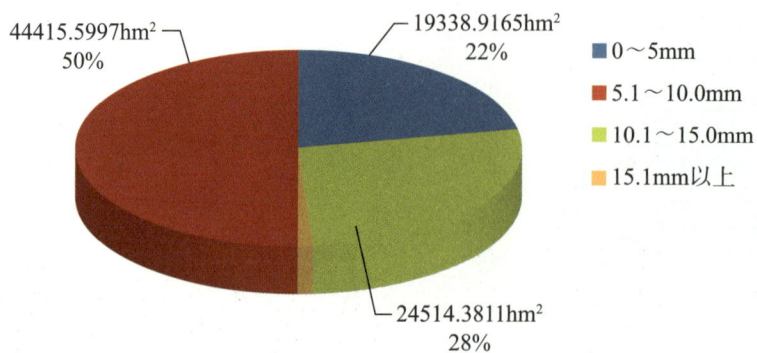

图3-6　有林地平均树高结构分布

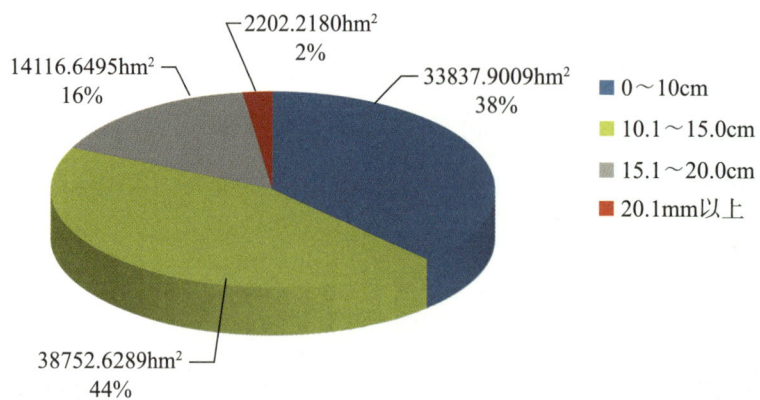

2202.2180hm²
2%

14116.6495hm²
16%

33837.9009hm²
38%

■ 0～10cm
■ 10.1～15.0cm
■ 15.1～20.0cm
■ 20.1mm以上

38752.6289hm²
44%

图3-7　有林地平均胸径结构分布

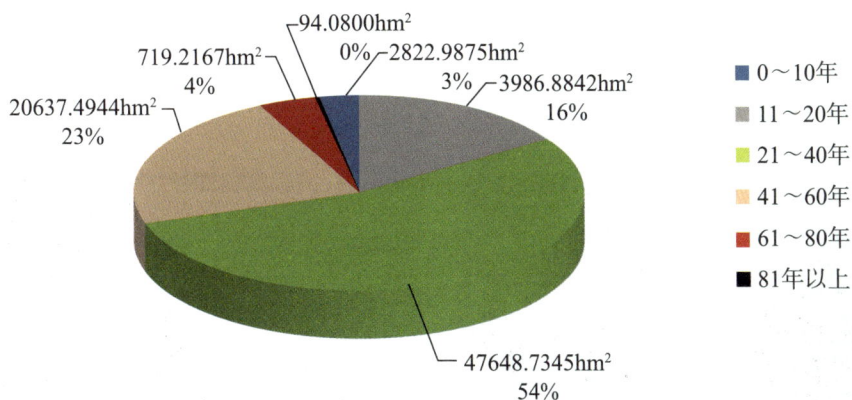

图3-8　有林地平均林龄结构分布

党的十八大以来，党中央从中华民族永续发展的高度出发，深刻把握生态文明建设在新时代中国特色社会主义事业中的重要地位和战略意义，大力推动生态文明理论创新、实践创新、制度创新，将生态文明建设纳入"五位一体"总体建设布局，提出努力实现人与自然和谐共生、建设美丽中国的宏伟目标。森林生态系统作为陆地上最大的生态系统，是生态建设的最重要战场。

面对社会发展的新形势、新要求，木兰林场清醒地认识到传统经营模式已经跟不上时代发展的需求，同时各种各样的资源问题也迫切需要我们转变思想、改进做法，于是木兰林场开始走上探索科学经营的道路。"他山之石，可以攻玉"，德国在经历了长达百年曲折的森林经营探索史以后，已经形成了系统、科学、实用的近自然森林经营技术体系，这就为我们提供了借鉴和参考（图3-9）。同时，国内很多单位多年以前就引进了德国的做法，也取得了较好的效果，证明了德国近自然森林经营技术的科学性。同时，近自然经营思想也符合当前国家生态建设的政策导向和发展要求，可以为我所用。当然，木兰林场并没有直接的"拿来主义"，而是针对我们的国情、社情以及木兰林场森林资源实际，进行了有甄别的借鉴学习、实践验证和丰富完善，最终形成了本土化的"木兰林场近自然育林理念"，并以理念为指导，凝练出"以目标树经营、转化经营、均质经营为主要路线的全林、全流域、全周期森林经营"技术体系。以新理念和技术为指导，木兰林场实现森林经营全面转型，彻底摒弃过去传统的用材林经营模式，走上"生态优先、保护为主、科学培育、提质增效"的科学育林之路。

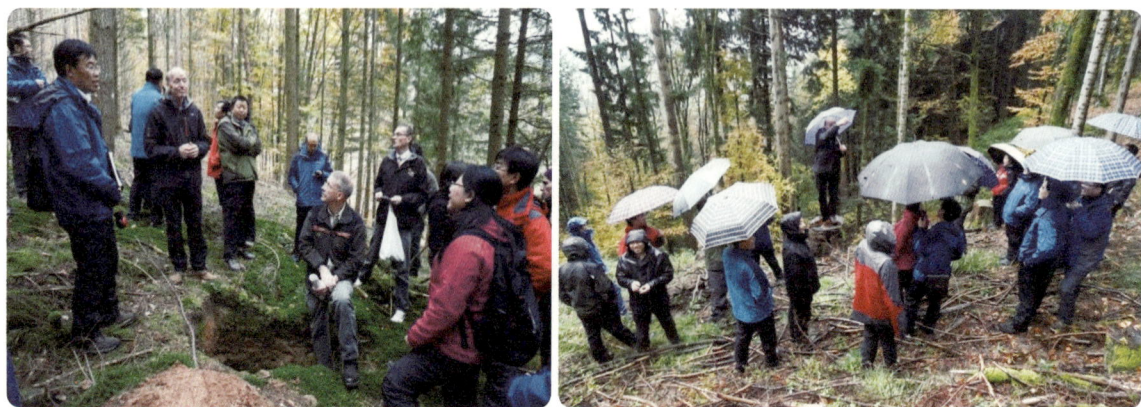

图3-9　到德国弗莱堡考察近自然森林经营——实地研讨

3.4　木兰林场近自然育林理念的定义与内涵

木兰林场近自然育林理念，即：遵循自然规律、依托自然条件、借用自然力量、辅以必要人为干预，提升森林质量，加速目标实现进程，培育结构稳定、功能完备、质量优良的可持续森林。

3.4.1　遵循自然规律

首先是森林群落演替规律。传统经营主要采用用材林培育模式，重点追求经济效益，强调速生丰产，未重视森林群落进展演替过程，因此对于各树种之间的演替等级没有明确定位，导致经营中可能把更加珍贵的枫、栎等基本成林树种作为"硬杂木"采伐，而单纯保留杨、桦等先锋种，遏制了森林正向发展进程，使得群落演替不进反退，或长期停留在先锋群落阶段。

针对以上问题，木兰林场在实施近自然森林经营时，首先对全部树种进行了等级划分，明确哪些是先锋种，哪些是演替过程中的过渡种，哪些是顶极种（图3-10）。具体作业中，除集约经营的种苗林、特种用途林外，都按进展演替的方向，围绕主导目标进行设计实施森林培育，一般优先伐除先锋种，保留过渡种或顶极种，把本来就宝贵的"硬杂木"予以保留，云杉、油松更是作为顶极种成为主要培育树种之一，用群落演替思想指导生产实践，从根本上为培育健康、稳定、高效森林生态系统打下了基础。

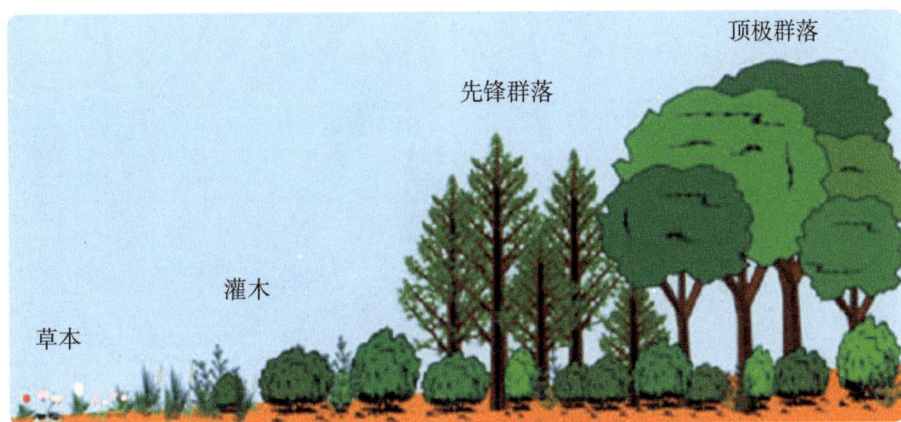

图3-10　群落演替过程

其次是林木生长发育规律。

繁殖方式。传统经营将树木起源划分为人工林和天然林，现实中简单区分人工林和天然林还不能清晰地确定树木的生长特性。以木兰林场为例，人工林普遍表现为干形良好、活力旺盛；天然林表现为林相残破、干形弯曲、活力不足。通过研究发现，产生差异的根本原因不在于起源，而在于繁殖方式，是实生和萌生的区别。因为人工林的繁殖方式基本都是实生，通过有性繁殖，由种子形成新生命个体，而天然林多为多次采伐后经无性繁殖萌生形成（图3-11）。无性繁殖的萌生树继承了母体的年龄，寿命明显比同龄实生个体短，因此萌生树当前生命特征表现出远大于该年龄阶段实生树的状态，并且由于老根从最初的养分过剩供给到后期的腐烂枯死功能衰退，也决定了萌生树生长先快后慢的明显变化，生长特征与实生树有显著差异（图3-12、图3-13）。

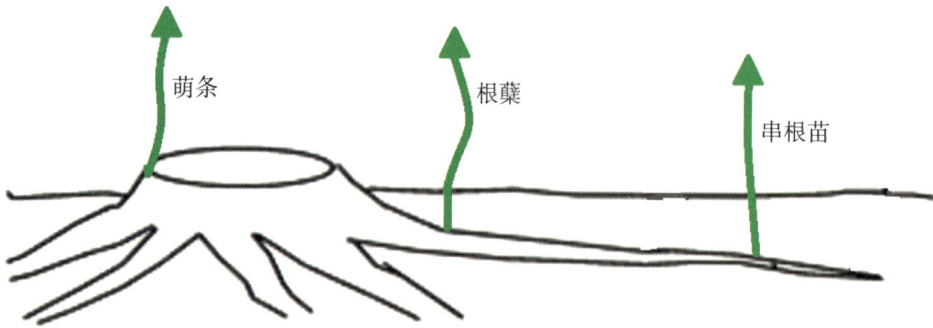

图3-11　无性繁殖萌生方式示意图

图3-12　萌生林木

图3-13　实生林木

大多数树木都可以依据实生或萌生来判断未来生长状态和发展方向。基于此，木兰林场根据林木繁殖方式差异，将林分划分为乔林、中林和矮林。其中，乔林是由实生树木组成的林分，矮林是由萌生树木组成的林分，中林是兼有实生和萌生树木的林分（图3-14～图3-16）。这种区分便于经营者更好掌握林分的现实状态，制定出科学合理的经营方向和措施。

图3-14　桦树矮林

图3-15　云杉、白桦中林

图3-16　华北落叶松乔林

　　生长阶段。树木在不同的生长阶段有不同的生长特点。以华北落叶松为例，前期高生长速度很快，并呈逐渐上升趋势，而树冠和径级生长较慢，到20年左右时，高生长开始变慢，树冠发育加速，径生长加快。为了根据树木生长规律的阶段性特征，采取有针对性经营措施，将整个生长周期划分为4个阶段：幼树阶段、形干阶段、展冠阶段、成熟阶段（图3-17）。其中，幼树阶段是林分更新成功至林分郁闭，是更新幼苗建立根系、形成树冠的时期。管理重点是避免非目的树种和周边灌草的影响，保证水分、养分、光照等供应。形干阶段是林分郁闭高生长加速到高生长明显变慢的时期，该阶段一般树高达到最终高度的1/4～1/2（最终高度指该区域该树种一般能达到的最高高度），此时保持相对较大密度，有利于通过相互竞争促进高生长，形成良好干形，并使下层侧枝自然整枝（自然枯死脱落），同时树木个体间出现明显的优劣分化。密度控制，既要保留一定程度的高密度促进个体竞争，实现自然整枝和分化，还要避免密度过大，造成树干纤细、树冠发育不足。通过密度调控将树木高径比控制在80～100，自然整枝高度为树高的1/3～1/2。展冠阶段与形干阶段衔接，从树的高生长变慢开始到达到目标直径阶段。该阶段是树木增径期，蓄积量和径生长速度较快，原因是树冠的快速扩张。

该阶段的经营要点是通过合理疏伐保障树木在最佳展冠期树冠有足够的展开空间。一般喜光树种最佳展冠期较早，喜阴树种较晚，错过最佳展冠期，树冠生长受到影响，尤其是喜光树种很难恢复。在展冠阶段后期，为保证在进入成熟阶段时已具备良好的更新层，要提前构建林下更新层，通过割灌、破土等措施促进种子接触土壤生根发芽，必要时可以人工补植引进树种。成熟阶段，林分达到培育目标的阶段，由于目标不同，进入成熟阶段的时期也不同。该阶段主要任务是收获，收获方式主要分为渐伐和皆伐，具体应结合培育目标、更新层建立情况、市场行情等确定。一般应保证更新层已经建立、生长健康、稳定，此时收获能保障森林前后代有序接替，植被覆盖不间断，生态效益持续发挥。如果更新目的树种是喜光树种，林冠下较难更新，在立地条件允许的情况下，也可以主伐后更新，但这种方式对环境干扰较大，谨慎使用。必要时可以采取带状、块状等小面积主伐或逐块渐次的更新方式。

图3-17 林木生长阶段划分

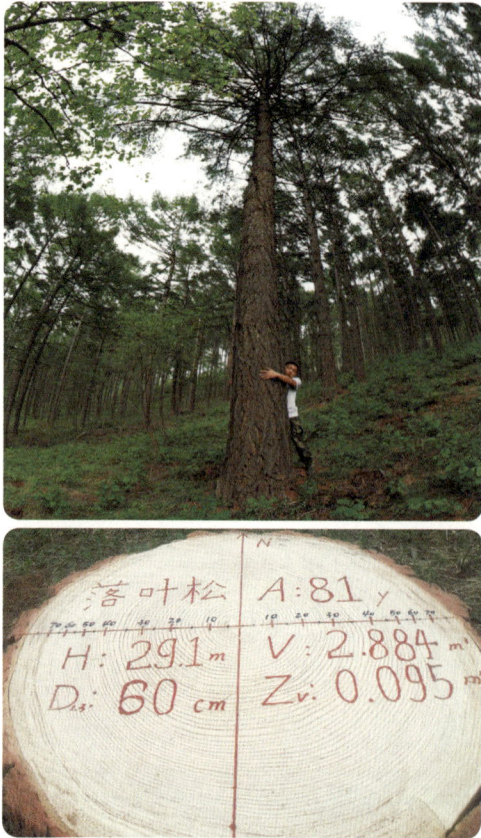

图3-18 林龄81年，胸径60cm，仍在高速生长的华北落叶松

树木寿命。传统经营追求木材生产，尤其是对用材林，很多规程里明确提出了成熟年龄，这里的成熟有的是数量成熟，有的是工艺成熟，此外还有经济成熟等。如华北落叶松人工用材林成熟树龄是40年，指的是这个时候可以进行主伐，但是并不是说华北落叶松到这个时候就不生长了，反而仍有较大的生长量。在木兰林场现存林龄80年左右的华北落叶松，胸径已经接近或超过60cm，生长活力仍旧旺盛（图3-18）。经树干解析，每年的生长量还非常可观，说明其仍在健康生长，在欧洲，落叶松要培育到140年。为此，木兰林场结合经营目标把各树种培育周期都在原基础上尝试延长了20～80年，华北落叶松目标树经营培育周期就从以前的40年延长至90年左右（表3-3）。

表3-3 采伐年龄统计对比

树　种	木兰原采伐林龄（年）	德国采伐林龄（年）	木兰现采伐林龄（年）
华北落叶松	41	140	90
云　杉	81	120	120
油　松	41	—	90
樟子松	41	140	90
蒙古栎	51	200	150
白　桦	41	80	60
山　杨	21	50	40

3.4.2　依托自然条件

自然条件是森林发育发展的基础条件。在经营实践中，以下几个方面充分体现了对现有自然条件的运用：重点培育表现良好的优良乡土树种，构建稳定性强、效益高的森林生态系统；森林抚育过程中，禁止大面积割灌，保护好林下灌草植被和生物多样性，促进固沙保水、土壤发育（图3-19）；集材道设置选择林木稀疏、坡度缓和、不宜造成水土流失的地段，充分利用优良地形，必要时架设管道，防止破坏地表植被（图3-20）；在立地条件较好的地块，人工造林不整地直接栽植，充分利用已有的土壤结构和水分、养分传输系统，缩短缓苗期，提高成活率。

图3-19　穴状、带状割灌降低环境扰动

图3-20　管道集材保护地表植被

3.4.3　借用自然力量

自然力是推动林木生长、森林演替的主要力量，利用好自然力能有效降低经营成本，增大效益。充分发挥林木的自然生长力能实现效益最大化，通过加深对不同树种的寿命和生长潜力的认识，延长培育周期；利用自然竞争力实现优胜劣汰，把握相对较大的林分密度来促进林木高生长和自然整枝，并形成良好干形（图3-21）。借用天然更新力实现森林自我建群和更新，减少人工造林的高成本和对苗木根系干扰破坏的不利因素（图3-22）。现实中大多数树种都能自我更新，只要周围有母树、有适宜的生长环境，就能自我繁衍下一代，根本不必人工造林，同时自然更新的树种根系完整，活力高，对当地土壤和气候相有更好的适应性。

图3-21　保持高密度自然竞争形成良好干形

图3-22 保留母树天然下种形成更新

3.4.4 使用良种，构建树种丰富的生态系统

近自然森林经营要求培育结构稳定、质量优良、功能多样的可持续森林，那么采用良种造林的意义就非常重大。良种是森林培育的基础，是经营成效的保障。木兰林场重视采用良种育苗造林，同时尽可能丰富适生树种，营建高质量、高价值混交林分。首先经营好现有的华北落叶松国家良种基地，推动种子园向更高代发展，不断提升良种品质和产种量。同时进一步扩建云杉和榆树良种基地，丰富良种种类。其次强化对现有珍贵乡土树种的培育，重点对蒙古栎、五角枫、核桃楸、椴树、花楸、野山楂等树种进行选优采种育苗造林。最后在培育好乡土树种基础上，引进珍贵、珍稀树种，不断丰富适生树种，构建树种多样的稳定森林生态系统。近几年重点引进了红松、水曲柳和黄波罗，其中前期引进的红松和水曲柳已经结果，水曲柳成功实现本地采种、本地育苗、本地栽植，苗木生长快速、健康，红松也已实现本地采种、本地育苗（图3-23～图3-25）。

图3-23　强化良种生产与使用

图3-24　红松引种：结实、育苗

图 3-25　水曲柳引种：结实、育苗、造林

3.4.5　尽可能减少人为干扰

森林在长期的发育过程中，已经形成了相对稳定的结构，如果人类的经营活动严重破坏森林的结构，导致环境巨变，各组成因素不能尽快适应变化后的环境，易造成系统不稳、功能失调。反之，如果人类的经营活动以现有的自然条件为依托，通过缓和、有序的调整，逐步实现培育森林的目的，就能达到事半功倍的效果。前面提到的依托自然条件、借助自然力量都是缓和育林的表现。

具体做法包括：禁止大范围、大强度割灌；优质林地的不整地造林；幼龄林抚育中的穴状割灌或折灌（图 3-26）；纵横集材道设置间隔；采伐过程中的强度控制和皆伐面积控制；脆弱生态区的封山育林和带状转化等（图 3-27）。

图3-26　折灌

图3-27　带状转化

3.4.6　维持和提升森林生态系统的稳定性

森林生态系统的稳定性是指生态系统受干扰后保持原有状态的能力，一般包括抵抗力、恢复力、持久性和变异性等4个方面。森林生态系统要实现其功能就必须保持良好的稳定性，生态系统稳定是各种效能发挥的前提，无论是物质生产还是发挥调节作用。为了维持和提升生态系统的稳定性，近自然育林理念要求尽可能构建复杂的森林生态系统，首先复杂的森林生态系统稳定性高，对外界的各种干扰抗性强，不易受破坏；其次其自我调节能力强，在受到干扰后能及时、快速自我修复，弹性强。

为提高森林生态系统的复杂性，一般从以下几个方面着手，即树种结构、林龄结构、林层结构、物种丰富度等。树种结构就是尽可能营建树种丰富的混交林，尤其是多树种阔叶混交林，不但能降低病虫害发生率，同时阔叶枯落物大多有助于促进土壤发育；林龄结构就是营建异龄林，减少同龄林，因此经营中尤其重视保护和培育林下更新，林下更新是将来森林培育的后备资源；林层结构就是注重多层林培育，避免形成单层林，林层复杂就意味着结构复杂多样，生态系统就越稳定；物种丰富度涉及树种、灌木、草本、微生物等多个方面，尽可能构建乔灌草兼有的、物种丰富的生态系统（图3-28～图3-30）。

图3-28　杨桦矮林下天然更新五角枫、椴树等，形成异龄复层混交林

图3-29　华北落叶松人工单层纯林下更新红松、云杉、五角枫、蒙古栎等形成异龄复层混交林

图3-30　针叶纯林收获前建立更新形成复层混交林

近自然育林本质特点就是营林措施近自然化，"模仿自然，加速发育"是其核心要义。通过近自然森林经营方式培育森林，最终将现有的人工林、天然次生林转化为结构稳定、质量优良、功能多样、可持续经营的健康森林，主体形成健康、稳定、高效的森林生态系统。

3.5 木兰林场近自然森林经营技术体系

所谓理念落地其实就是实现理念与技术的对接，用理念指导技术，充分将理念融入森林经营的具体措施中去，再通过措施实施，落实到具体的山头地块。

在近自然育林理念指导下开展森林经营首先应坚持以下几点：①培育树种优先选择优良珍贵乡土树种或至少是适应立地条件的树种，积极引进适生珍贵树种，丰富当地树种多度；②建立生态稳定和生物多样性丰富的健康、稳定、高效的多功能森林生态系统；③充分利用森林的自我调控机制，利用自然力量，尽可能降低外界干扰；④坚持分类经营，尊重实际，主导目标导向，兼顾多种功能原则。

木兰林场基于对近自然育林理念的深入解读和实际运用，对森林经营方向进行了调整，从利用优先转变到培育优先，从经济优先转移到生态优先，并兼顾发挥各种效益。这种调整不仅符合生态建设的政策导向，也对林场实现可持续发展具有重大意义。在经营技术上摒弃"一刀切"的粗放做法，坚持以林分实际和经营目标为根本立足点，构建了以因林施策、分类经营为路线，以主导明确、多能并进为目标的新技术体系（图3-31）。

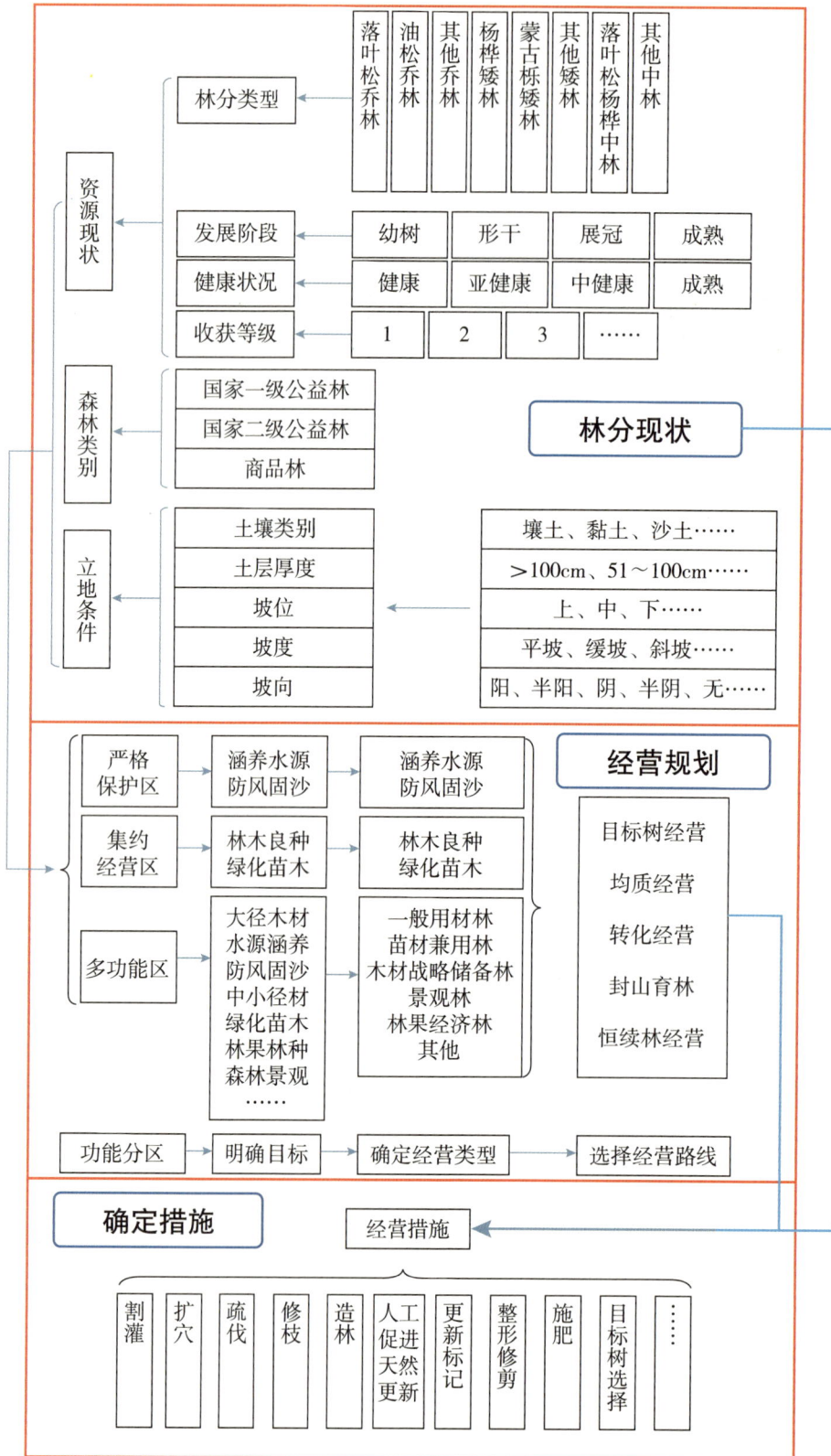

林分现状

资源现状
- 林分类型 → 落叶松乔林、油松乔林、其他乔林、杨桦矮林、蒙古栎矮林、其他矮林、落叶松杨桦中林、其他中林
- 发展阶段 → 幼树、形干、展冠、成熟
- 健康状况 → 健康、亚健康、中健康、成熟
- 收获等级 → 1、2、3、……

森林类别
- 国家一级公益林
- 国家二级公益林
- 商品林

立地条件
- 土壤类别 → 壤土、黏土、沙土……
- 土层厚度 → >100cm、51～100cm……
- 坡位 → 上、中、下……
- 坡度 → 平坡、缓坡、斜坡……
- 坡向 → 阳、半阳、阴、半阴、无……

经营规划

- 严格保护区 → 涵养水源 防风固沙 → 涵养水源 防风固沙
- 集约经营区 → 林木良种 绿化苗木 → 林木良种 绿化苗木
- 多功能区 → 大径木材 水源涵养 防风固沙 中小径材 绿化苗木 林果林种 森林景观 …… → 一般用材林 苗材兼用林 木材战略储备林 景观林 林果经济林 其他

目标树经营
均质经营
转化经营
封山育林
恒续林经营

功能分区 → 明确目标 → 确定经营类型 → 选择经营路线

确定措施

经营措施 → 割灌、扩穴、疏伐、修枝、造林、人工促进天然更新、更新标记、整形修剪、施肥、目标树选择、……

图3-31 木兰林场森林经营技术体系

第4章

近自然
经营原则

4.1 以案为纲，科学经营原则

建立森林经营方案严格执行制度，保障森林经营的科学性、有序性和持续性。

以近自然育林理念为指导，从森林实际需求出发，坚持分类经营，主导目标明确，兼顾其他功能（生态服务功能、社会经济功能等），营造林产品优质化、多元化。

坚持多规衔接，科学区划功能分区，落实全域经营，综合施策合理规划经营布局。

坚持生态建设与经济建设协调发展，短期效益与长远利益相结合。科学的森林经营活动产生的生态效益、经济效益和社会效益是相辅相成的，在森林经营中并不排斥经济产出，而是统筹生态建设与经济建设、社会需求协调、同步发展，不断提升森林经营的经济实力，更好地开展生态建设。森林经营具有长期性、复杂性和艰巨性，在实现森林的中长期发展规划过程中，也要考虑到短期收益，通过长期的经营活动，稳步实现森林的中长期目标。

坚持优化土地利用结构。结合国土空间规划和土地现状，对现有土地开展科学规划，根据宜林则林、宜草则草、宜灌则灌、宜湿则湿的原则进行，充分发挥土地资源优势，最大化发挥土地功能。

坚持森林结构合理。对整体林分的林龄结构、树种结构、林层结构等进行分析，制定经营规划，科学制定技术措施，逐步实现合理的森林结构。

坚持经营需要优先。对急需经营的林分优先经营，如处于形干阶段人工栽植的目的树种被萌生的杨桦树压迫的林分；易被蚕食的林缘空地；密度过大变为相对贬值资源的林分等优先规划经营。对已经进行过调整伐或标记目标树后的林分，如果透光性改善，林下植被恢复好，则在近期内一般不安排作业；若透光性差，林下植被没有恢复，要综合考虑密度、高径比、自然整枝情况适当安排提前作业。

坚持优质林地优先利用、优质林分优先经营。对经营范围内交通便捷、立地条件好、土壤肥沃、林地生产力高的林分优先规划经营，采取科学培育措施，强化经营管理力度，最大限度发挥林地生产潜力；对立地条件差、土壤瘠薄、林地生产力低下或不可及的林分，如陡峭的阳坡、石砬子上或不可及且无修路必要的林分，采取封育或延后经营的方式，将经营重点放在优质林地和优质林分。

坚持任务相对均衡。根据实际情况，综合考虑本单位的资源实际、经营需求、人财物状况及周边社会条件等因素，合理安排任务量，保证能在计划时间内高质量完成所规划的作业任务。

4.2　全林经营原则

坚持森林生态系统整体经营，既精准提升森林质量，又增强森林生态系统的多样性、稳定性、可持续性。

坚持乔、灌、草综合协同经营，增加森林植被、灌草盖度，丰富生态系统生物多样性。

坚持强化土壤经营，促进土壤发育，逐步改善土壤理化性质。

注重动物（微生物）生境保护与优化，促进生物链平衡，构建物种丰富的森林生态系统。

注重森林经营对水的影响，促进协调水的聚与散，构建稳定的水体结构。

4.3　全周期经营原则

全周期经营森林，即种子→苗木→树体→产品。种子主要采取选优和驯化，选择品质高、遗传性状优良、本土化适应性强的树种，引进的树种需在引种试验成功后，达到适应性要求后再育苗；苗木应选用最小年龄良种壮苗，造林过程中尽可能地减少对苗木根系的损伤；树体经营根据不同树种的生命周期和培育目标，科学调整培育周期；产品根据培育目标、市场需求采取措施，提升产品质量、产量。

4.4　流域经营原则

在经营布局上以流域为基本规划单位，按照"综合设计、整体经营、集中作业"的原则对全局流域进行全面规划，在流域内因林施策，多措并举，遵循"宜造则造、宜抚则抚、宜转则转、宜封则封"原则，确定"宜材则材、宜苗则苗、宜果则果、宜景则景、宜防则防"的经营目标，在小班经营的基础上，进行逐沟逐坡、全方位、无缝隙的规划，不出现经营死角。同时，强化基础设施建设，实现路网通达，配套设施齐全、完备。

4.5　可示范推广原则

与科研院所建立长期、良性、高效合作机制，形成产学研一体化发展体系；结合森林经营建立类型齐全、规范标准的监测体系，科学评价经营成效，精准提供数据支撑。

完善、提升中国北方森林经营试验示范区建设，提升示范区标准化建设水平，提升场级、分场级专业技术人员的能力，更好发挥示范推广作用。

第 5 章

近自然经营
技术路径

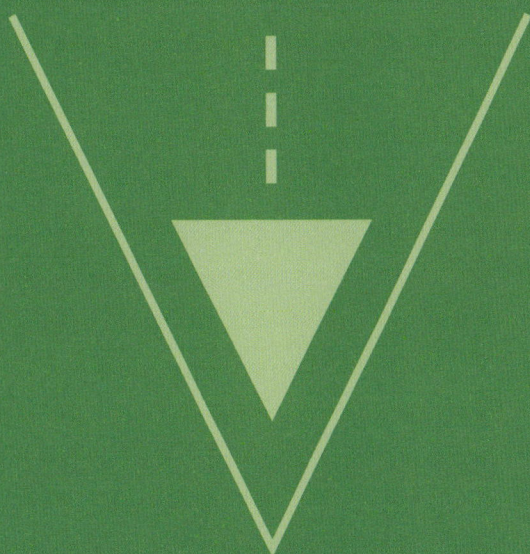

5.1　经营需求

5.1.1　生态需求

森林生态系统服务功能，主要包括森林在水源涵养、土壤保育、固碳释氧、营养物质累积、生物多样性保护和游憩等方面提供的生态服务功能。木兰林场是潘家口水库的水源涵养地，是一级河流滦河的主要发源地，同时地处内蒙古浑善达克沙地东南缘，又是京津和华北平原防风固沙，保障生态安全的支撑区。引入近自然育林、森林景观恢复与优化等国际先进理念，探索如何通过科学经营提升森林的生态功能，是满足区域生态定位、构建绿色生态屏障、缓解京津风沙危害，更好地发挥木兰林场生态服务功能的迫切需求。

5.1.2　社会需求

木兰林场在实现水源涵养、优质木材储备和高质量种苗培育的基础上，积极发挥行业优势，科学规划，精准施策，将生态建设、产业发展、生态效益补偿、林业科技服务与脱贫攻坚工作相结合，打好"生态扶贫"组合拳，还为林场所在区域的居民提供良好的生活环境、优质的生产条件、丰富的就业机会，满足人们的社会经济需求，为实现生态富民、林业惠民，保障林区可持续发展贡献力量。

5.1.3　林产品需求

在国家已经发布《天然林保护修复制度方案》，全面停止天然林商业性采伐的政策背景下，我国木材需求约50%来自进口，尤其是珍贵木材及大径级木材，更上升为一种战略需求。作为国有林场，应该提供优质林产品，做好战略储备，积极满足社会经济发展和人民美好生活对优质木材、高质量种苗等林产品的需求。在自然条件适宜的地区，通过科学培育、经营人工林，积极培育珍贵树种和大径级用材林等多功能森林，是对"绿水青山就是金山银山"理念的生动诠释，也是推进林业供给侧改革的重要抓手。

5.1.4 职能需求

从木兰林场的历史发展进程来看，其自然条件完全符合培育大径材、优质种苗等高质高效林分的基础要求。此外，林场技术力量雄厚，已经总结出一套近自然森林经营技术体系，并在全场全面应用和实施，是提高森林质量和生态系统服务功能的重要途径。

5.2 立地条件评定

立地条件是影响森林形成与生长发育的各种自然环境因子的综合，是由许多环境因子组合而成的。

地形： 包括海拔、坡向、坡形、坡度、微地形等。

土壤： 包括土壤种类、土层厚度、腐殖质层厚度与腐殖质含量、土壤侵蚀度、质地、结构、紧实度、pH值、石砾含量、母质种类及风化程度等。

水文： 包括地下水位深度与季节变化、地下水矿化度与盐分组成、有无季节性积水及其持续期、水淹可能性等。

植被： 包括分布的植物种类、盖度、多度与优势种、群落类型以及病虫危害状况等。

土地利用历史： 包括土地利用的历史沿革及现状，各种人为活动对上述环境因素的作用等。有林地的森林分类与经营方式、方法。造林地的立地条件（如土壤条件、坡向、湿度等）对不同造林树种的选择、人工林的生长发育和产量、质量都起着决定性的作用，不同立地条件的林地采用不同的造林技术措施。

5.2.1　林地质量等级评定

根据与森林植被生长密切相关的地形特征、土壤等自然环境因素和相关经营条件，对林地质量进行综合评定。选取土层厚度、土壤类型、坡度、坡向、坡位和交通区位等6项因子，采用层次分析法，按公式计算林地质量综合评分值。

$$EEQ = \sum_{i=1}^{n} V_i \cdot W_i \quad (i=1,2,\cdots,n)$$

式中：EEQ——林地质量综合评分值（0～10）；

　　　V_i——各项指标评分值（0～10）；

　　　W_i——因子的权重（0～1）。

根据林地质量综合评分值，划分为 I 级（分值≤2）、II 级（2～4）、III 级（4～6）、IV 级（6～8）、V 级（8以上）5个等级（表5-1）。

表5-1　相关因子数量化等级值

因　子	I 级	II 级	III 级	IV 级	V 级
土层厚度	>100cm	51～100cm	31～50cm	16～30cm	<16cm
土　壤	棕壤	褐土	黄土	沙土	黏土
坡　度	平	缓	斜	陡	急、险
坡　向	无	阴坡	半阴坡	半阳坡	阳坡
坡　位	平地、全坡	谷、下	中	上	脊
交通区位	1	2	3	4	5

坡向：无、阴坡（北、东北）、半阴坡（西北、东）、半阳坡（西、东南）、阳坡（南、西南）。

坡位：平地（或全坡）、谷（或下）、中、上、脊。

坡度：平坡（<6°）、缓坡（6°~15°）、斜坡（16°~25°）、陡坡（26°~35°）、急坡（36°~45°）或险坡（45°以上）。

土壤种类：棕壤、褐土、黄土、沙土、黏土。

土层厚度：>100cm、51~100cm、31~50cm、16~30cm、<16cm。

交通区位：采用同心圆等分级方法，根据小班与森林经营单位、主要采运道路、航道等的距离，将交通区位由好到差分为1、2、3、4、5级。

根据土层厚度、土壤类型、坡度、坡向、坡位和交通区位等6项因子的林地宜林程度差异，确定各自权重分别为：土层厚度0.30、土壤类型0.20、坡度0.20、坡向0.10、坡位0.10、交通区位0.10。

5.2.2　直观立地等级评定

综合小班的坡度、土层厚度等自然条件，初步判定其生产力状况，按好、中、差进行评定，不分为1、2、3、4级（表5-2）。

表5-2　直观立地等级评定

坡度	>60cm	30~60cm	<30cm
<15°	好	中	差
15°~35°	中	中	差
35°~45°	差	差	差
>45°	不	不	不

好：坡度小于15°，土层60cm以上（30~60cm属于"中"等级，30cm以下属于"差"等级），立地条件好，土壤肥沃，便于经营作业。

中：坡度在15°~35°，土层在30cm以上（30cm以下的属于"差"等级），立地条件相对较好，能够进行经营作业。

差：坡度在35°~45°，土层不限，立地条件差，进行少量的经营活动。

不：对立地条件恶劣（坡陡、土层薄、山石裸露、易发生水土流失）不适宜人工干预的小班，不作为重点调查对象，只在力所能及的范围内进行一般性的核实即可。

5.2.3　优势木平均高确定收获等级

　　分树种调查优势木平均树高，对混交林分调查其中占成数的树种的平均优势木树高。根据林木在小班中的分布情况，按上、中、下确定3株优势木进行树高测量，取算术平均值，同时测量记载其胸径、林龄，并进行现地标识，记录GPS点坐标。

　　通过树种、林龄和优势树高3个指标，查询树种收获量表，明确收获等级。

🌲🌲　5.3　森林现状分析　🌲🌲

5.3.1　森林类型

　　首先，根据组成森林的树木的繁殖材料差异（实生和萌生），将森林划分为乔林、中林和矮林。

　　乔林：指实生林木构成的林分。

　　中林：指实生和萌生林木共同构成的林分。

　　矮林：指由萌蘖或萌生林木构成的林分。

　　其次，结合木兰林场主要树种，划分8种森林类型。

　　落叶松乔林：落叶松实生树的株数比例占八成及以上。

　　油松乔林：油松实生树的株数比例占八成及以上。

　　其他乔林：落叶松、油松之外的实生树株数比例占八成及以上。

　　杨桦矮林：山杨、桦树萌生树的株数比例占八成及以上。

　　蒙古栎矮林：蒙古栎萌生树的株数比例占八成及以上。

其他矮林：除山杨、桦树、蒙古栎之外的其他萌生树的株数比例占八成及以上。

落叶松杨桦中林：落叶松、萌生桦树（山杨）的株数比例分别达到二成以上，且其他单个树种达不到二成。

其他中林：落叶松和萌生桦树（山杨）以外的其他树种的实生和萌生树株数比例分别达到二成以上。

5.3.2　划分发育阶段

根据林分的生长发育特点和规律分为幼树阶段、形干阶段、展冠阶段和成熟阶段。

幼树阶段：指林分郁闭前的未成林阶段，该阶段主要是通过割灌、折灌、扩穴除草等幼抚措施为幼树生长创造条件，促进幼树正常生长及时郁闭。

形干阶段：指林分郁闭后到树高生长速度减慢时（一般为树高达到终高的1/2），该阶段是林分高生长的速生期，要保持一定的高密度，促进树高生长和良好干形的形成。

展冠阶段：指形干阶段完成到成熟前的生长时期，该阶段是林分径生长的速生期，这个时期最主要的经营措施就是疏伐，通过疏伐及时为保留树生长释放空间，促进树冠和径级健康生长。该阶段对应树木展冠期，尤其对喜光树种来说，是重要的树冠生长期，有了健康的树冠，后期才有更好的生长潜力。在该阶段的末期，即成熟阶段来临前的一个龄级期左右，要开始关注构建二代林，提前为成熟收获做准备。

成熟阶段：指树木达到目标胸径并已完成二次建群的阶段，该阶段主要是结合更新层建立情况、市场行情，对成熟树木进行收获。收获方式包括皆伐、择伐、渐伐。

5.3.3 森林质量评价

对现有林分的质量进行评价，评价内容主要为林分健康状况，用材林兼顾出材率等级，景观林兼顾彩叶的丰富度、树种树形间的组合等因素，并结合林分质量，判断是否有继续培育的必要，进而确定未来森林的走向和主导目标。

5.3.3.1 林分健康状况评价

林分健康评价标准见表5-3。

表5-3 林分健康评价标准

健康等级	评定标准
健 康	林木生长发育良好，枝干发达，树叶大小和色泽正常，能正常结实和繁殖，未受任何灾害
亚健康	林木生长发育较好，树叶偶见发黄、褪色或非正常脱落（发生率10%以下），结实和繁殖受到一定程度的影响，未受灾或轻度受灾
中健康	林木生长发育一般，树叶存在发黄、褪色或非正常脱落现象（发生率10%～30%），结实和繁殖受到抑制，或遭受中度灾害
不健康	林木生长发育达不到正常状态，树叶多见发黄、褪色或非正常脱落（发生率30%以上），生长明显受到抑制，不能结实和繁殖，或遭受重度灾害

5.3.3.2 出材率等级评价

出材率等级划分标准见表5-4。

表5-4 出材率等级划分标准

出材率等级	林分出材率（%）		
	针叶林	针阔混交林	阔叶林
1	>70	>60	>50
2	50～69	40～59	30～49
3	<50	<40	<30

5.4　森林经营目标

鉴于木兰林场特殊的生态区位，以京津冀协同发展为契机，紧紧围绕生态环境支撑区的战略定位，通过荒山造林、近自然育林、流域治理、森林景观恢复等科学手段，在林分尺度达到既定经营目标的基础上，还要从系统地提高森林生态系统服务功能、增加森林资源数量、提升森林资源质量、维持生物多样性、促进林区社会和谐稳定、优化产业结构、综合提高景观稳定性等诸多方面综合考虑，确定生态防护、木材培育、种苗培育、景观打造、林果生产五大主导目标。

5.4.1　生态防护

木兰林场地处河北省与内蒙古自治区交界处，蒙古高原与华北平原的过渡地带，属于京津冀水源涵养功能区，是京津冀协同发展规划中的西北部生态环境支撑区，是我国"三北"工程六期规划的浑善达克沙地歼灭战核心攻坚区，始终承担着为首都"阻沙源、涵水源"、筑牢京津生态屏障的重大责任，生态区位十分重要。构建京津冀生态屏障，更好地发挥生态防护作用是职责所在。

5.4.2　木材培育

木兰林场分布于清代的"木兰秋狝"范围内，历史上林木葱郁，水草茂盛，森林质量较高，当前虽然森林质量整体相对较低，但林场经营区内立地、气候等环境相对较好，相对周边区域更适宜培育森林资源，具备培育大径材等高质量林分的自然基础条件。另外，林场技术力量雄厚，从2010年开始引进国内外专家开展探索森林可持续经营，总结出一套"以近自然育林理念为指导，以目标树经营、均质经营、转化经营为主要路线，以流域经营为推进布局"的经营技术体系，并在全场全面应用和实施，且与河北农业大学、中国林业科学研究院等技术单位形成了长期稳定合作关系，在森林经营方面积累了较为丰富的经验，经营水平相对较高，基本具备精细化、高水平开展森林经营的技术条件。

因此，考虑国家储备林发展战略和区域森林可持续经营示范，将木材生产与储备作为林场可持续发展的主导经营目标。

5.4.3 种苗培育

木兰林场紧邻北京、天津，气温较低，培育的苗木移栽成活率很高，因此生产的绿化苗木市场广泛。同时整个辖区内很多区域从资源状况、立地条件来看都非常适合培育绿化苗木，具有极高的资源优势。当然同样一株树木，培育成绿化苗木，能增值数十倍甚至上百倍。因此，为提高资源利用价值，充分发挥资源优势，在保障生态的前提下，创造更好的经济来源有百利而无一害。同时木兰林场具有华北落叶松、云杉、榆树3个树种的良种基地近533hm^2，每年能生产良种300kg以上，遗传增益达到23%～65%，因此良种选育、生产与销售也是主要任务之一。

5.4.4 景观打造

木兰林场紧邻北京、天津，其深厚的满清皇家文化底蕴、独特的森林草原景观、夏日的清凉避暑环境、绚烂多彩的秋叶、一望无垠的皑皑白雪都已经成为都市人群近郊、周末休闲必到之处。

木兰林场有10.6万hm^{2}林地，分布在围场县各乡镇，为游客提供了环境优美的森林景观。同时林地与周边社区毗邻分布，打造优美景观更能改善百姓的生活、生产环境，提高生活舒适度和满意度。

5.4.5 林果生产

截至目前，虽然木兰林场没有特意培育经济林，没有发展林果经济，但是木兰林场经营范围内现有大量的山杏林和榛子灌木林。每年，周边社区百姓都自发到山上采摘山杏、榛子等果实，获得可观的经济收益，这些收益已经成为百姓常规性收入之一。

同时，结合森林经营实际需要，木兰林场近几年引进了大量红松，后期有望培育成红松果材林，用于生产"松子"。

5.4.6　其他目标

推广应用近自然育林技术：新的经营技术体系进一步得到完善，示范推广效应明显；经营理念、技术模式深入人心，管理机构高效运行，管理人员、专业技术人员、技能人员结构合理，林业发展水平得到全面提升。

林区社会和谐稳定：通过资源整合、合作造林、联防联护、精准扶贫、平安林区建设等方式，进一步推动林场与周边社区和谐相处。积极稳妥处理林权纠纷，解决林牧矛盾。以经营方案实施为依据，提高森林经营投资力度，为林区居民提供更多的就业机会，传播应用森林经营技术，引领林农积极参加生态建设，促进林区社会进步。

逐步优化产业结构：随着森林资源质量的不断提高，林产品特别是木材产品的数量、质量和价值得到全面提高。种苗基地建设深入推进，全场绿化苗木和造型树的数量、质量得到全面提高。良种基地建设更加高效规范，良种产量不断提高。森林生态环境得到逐步改善，水源涵养等生态功能得到充分发挥。森林旅游、森林康养、森林特色文化和森林小镇建设等初步成型。森林产业的发展带来的经济收入再投入到森林经营工作中，使森林产业与森林经营相互促进，共同提高。

路网建设：全面加强林路建设，整体交通条件得到进一步改善。

🌲 5.5　经营类型 🌲

以小班为单位，以主导经营目标为依据，对现有森林划分经营类型，木兰林场共有9种经营类型。

重点生态防护林：以发挥生态防护作用为主要目标，如水源涵养、防风固沙、生态系统保护、生物多样性保护等，主要包含保护区核心区森林、其他国家级公益林、保护区外生态脆弱区森林（坡度过大、立地条件差，无经营条件的森林）。

一般生态防护林：同样以发挥生态防护作用为主要目标，但其生态防护重要性相对较弱，主要包含保护区一般控制区森林。

一般用材林：以培养中小径级材为主导目标的森林，主要指立地条件一般，发育阶段已经超过形干阶段的森林。

木材战略储备林：以培养大径级材为主导目标的森林，主要指立地条件好，且发育阶段处于形干阶段或之前的优质乔林。

苗材兼用林：以兼顾培育木材和优质绿化苗木为主的森林，主要包括立地相对较好，树种组成包含油松、樟子松、云杉、蒙古栎、白桦等具有绿化价值的森林。

绿化苗木林：以生产绿化苗木为主导目标的森林，主要指立地非常好，交通便利，树种为有绿化价值的山地苗圃，主要是商品林。

良种林：以生产林木良种为主导目标的森林，主要指现有的和将来要建设的所有良种基地。

景观林：以发挥森林的景观价值为主导目标，在持续发挥景观效益的基础上兼有生产木材、保护生境和生物多样性的作用，主要是森林公园、重点道路沿线的森林。

林果经济林：以生产林果为主的森林，在木兰林场，当前主要是山杏、红松等。

第6章

主要经营技术模式及
典型案例

　　针对森林现状和经营目标的差异，选择合适的经营模式，能尽快促进经营目标的实现，通过系统梳理，木兰林场最主要的经营技术模式有目标树经营、均质经营、转化经营（疏伐转化和皆伐转化）、恒续林经营等。

　　目标树经营，主要思路是选择固定数量、符合主导目标的优势、优质个体重点培育，撑起整个森林的骨架，以目标树为经营重点，兼顾其他树木培育，但经营中有主次之分，有长远与当前之别。

　　均质经营就是全林均一化经营，主要按树种收获量表和森林现状确定合理密度，统一按质量确定留伐。

　　立地条件良好，但林分质量欠佳，森林结构出现逆向改变或有逆向改变的趋势，森林生态系统服务功能或生产力持续下降且情况明显，依靠自然力短期内难以恢复。同时，受政策限制，不允许进行皆伐更新。在此情况下，应采取轻干扰、缓和且渐进的方式进行疏伐，以降低郁闭度，构建优质二代林，并逐步实现树种、繁殖方式的更替。对于块状（带状）皆伐转化，其适用于转化质量更加残次的森林，对符合小面积皆伐修复政策和立地条件的森林，通过逐带（块）方式进行小面积皆伐转化，不会造成水土流失或环境恶化。

　　恒续林经营是一种特殊的经营模式，主要针对异龄复层林，在木兰林场主要是油松、云杉等树种形成的异龄复层林。林内老、中、幼树木叠状、镶嵌分布，达到收获目标的林木不断产出，林下更新自然形成，并逐渐替代上层木，前后代自我更替，森林持续覆盖，林产品持续产出，其主要经营措施为择伐或渐伐。

🌲 6.1　目标树经营 🌲

　　木兰林场的目标树经营是以目标树为架构的全林经营（图6-1），经营思路是在林分内选择适合经营目标的优质、优势个体作为目标树重点培育，结合目标树发挥主导功能情况确定培育期，尽可能发挥树木生长潜力，延长培育时间。目标树在林内尽可能均匀分布，作为骨架支撑整个森林，优先为目标树创造良好生长环境，促进主导目标尽快实现。同时兼顾林内其他树木生长，促进发挥全林生产力。该技术

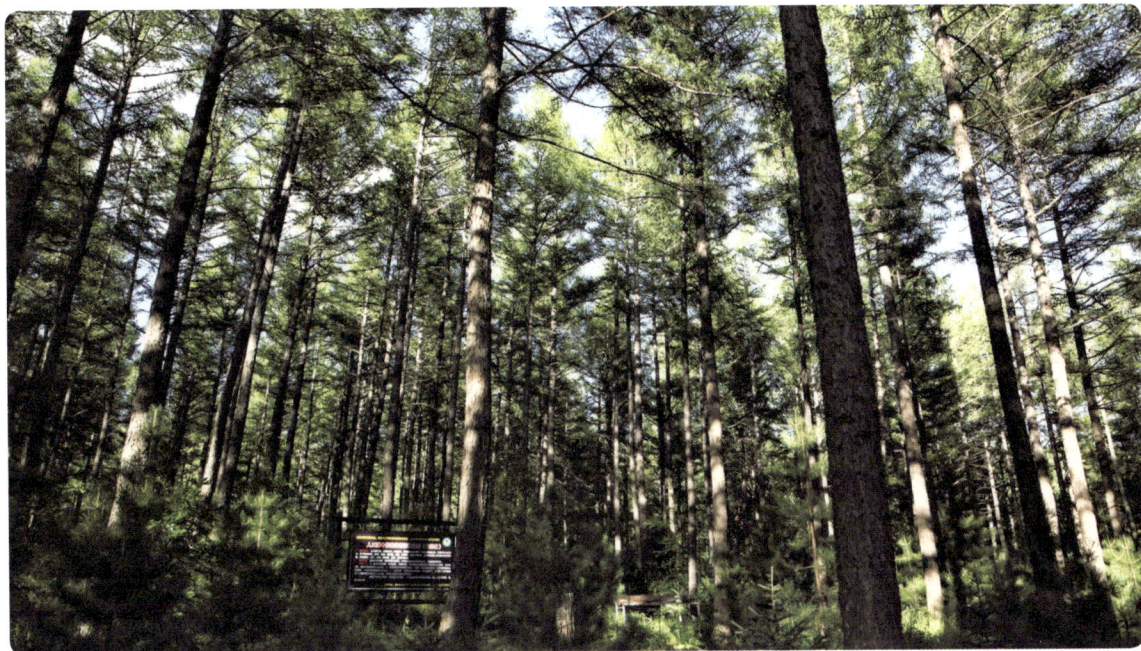

图6-1　以目标树为架构的全林经营

既体现了优质个体的重点长期培养，又兼顾了总体生态系统经营。需要注意的是：因主导目标差异，目标树的选择标准、数量和培育周期等略有差异。

下面就以培育华北落叶松优质大径材为目标，介绍目标树经营具体技术。

目标树对森林主导功能起支撑作用，在林分中长期存在，在经营中重点培育的林木，目标树既包括生产优质大径材的目标树，又包括涵养水源、打造景观、保存优质种源、提供动物栖息等其他目的的目标树，不过一般指以培育大径材为目的的林木。目标树支撑起森林的骨架，决定着森林的质量，提供优质种源，决定着森林未来的演替方向，维持着森林系统稳定。无论是哪种目标树，经营思路基本相似，这里以生产优质大径材的目标树为例进行介绍。

以培育优质大径材为主要目标，在培育目标树的基础上，对其他林木也进行抚育，既储备优质大径材，又生产中小径材及多种林副产品，达到以短养长、长短结合的效果，最终实现可持续发展的目标。

6.1.1　适用条件

适用林分：目标树经营适用林分必须同时满足以下3个条件。①树种和繁殖方式。幼树或处于形干阶段、健康的乔林和中林。森林是实生目的树种组成的乔林，如落叶松纯林，或者实生目的树种株数比例达到50%以上的中林，且实生目的树种在林分内均匀分布。②林龄和胸径控制。林龄≥20年且胸径处于10～20cm，其他树种根据树种特性和培育目标的不同有所差异。林龄大于20年，林木形干基本完成，高生长开始变慢，径生长加速，同时林木分化比较明显，及时选择目标树、采伐干扰树，有助于促进目标树展冠增径。胸径不超过20cm是为了保证将来的优质大径材中更多无疤节材达到直径的2/3以上。③立地质量和目标树数量。立地质量较高，适于储备优质大径材。实生目的树种中满足目标树标准的个体密度≥75株/hm²（目标树需具备主林层优势个体、树冠圆满、树干通直、活力旺盛无病虫害和机械损伤等特征）且相互均匀分布。

林况特点：①林内树种具备选作目标树的特质，寿命长、价值高、市场需求稳定，如云杉、落叶松、红松、核桃楸、水曲柳、黄波罗等；②目标树发育处于形干阶段以后，径级不超过目标胸径的1/3；③林地立地条件较好（坡度≤15°，厚层土>60cm），能够满足目标树的生长需求。

6.1.2　目标树选择

数量、位置、标记：经科学研究和实践验证，并不是所有树木都具备培育成大径材的潜力，如多代萌生树不行。同一立地条件也只能支持培育一定数量的大径材，因此要在具备条件的林分内选择最有培育潜质的林木作为重点培育对象，同时为了便于重点培育林木的长期管理，做永久性标记。

6.1.2.1　选树标准（以生产优质大径材为主导目标）

在目的树种中选择个体突出、干形通直、树冠圆满、树高不低于主林冠层、高径比合理，并且顶无分叉、干无损伤的个体作为目标树。

6.1.2.2　确定目标胸径

根据经营目标确定目标树的目标胸径。目标胸径确定应充分结合生长潜力、预期市场需求、加工工艺等条件。以华北落叶松为例，木兰林场经过充分调研，确定其目标胸径为60cm。

6.1.2.3　选树时机

最佳选树时机即树高达到终高的1/2或胸径达到目标胸径的1/5左右，最大不宜超过目标胸径的1/3。选择过早，目标树太小，树木个体优势展现不够明显且存在损伤的风险较大；选择过晚，错过了目标树质量培育的最佳时期，影响目标树的材质，目标树得不到充分解放，影响达到目标胸径的进程。

6.1.2.4　株数控制

假设目标树的树冠为正六边形，相邻目标树之间密接分布，不交叉，覆盖整个林地，相当于郁闭度为1。

采用公式 $N=10000 \times a^{-2} \times \pi^{-1} \times (d/200)^{-2}$ 计算每公顷上应该选择的目标树数量。N为每公顷目标树的数量，单位：株；a为常数，即目标树达到目标胸径时，树冠与胸径的比值，前提是目标树生长没有受到周边其他林木干扰，即树冠是自由生长且圆满的，以华北落叶松为例，目标胸径为60cm时，常数a基本为20；d为目标胸径，单位：cm。

6.1.2.5　距离控制

目标树在林分内均匀分布。为了在实际中便于操作，一般通过控制相邻目标树之间的距离来控制目标树数量（图6-2）。以华北落叶松为例，相邻目标树之间的距离：$D=d \times 100^{-1} \times a$。$D$为相邻目标树间距，单位：m；$d$为目标胸径，单位：cm；$a$为常数。

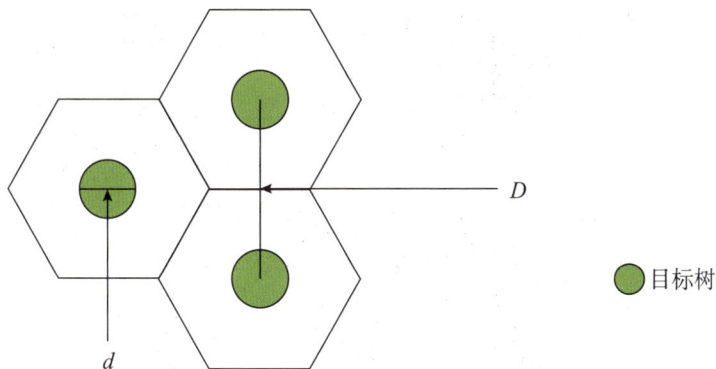

图6-2　林木树冠相接示意图

6.1.2.6　目标树标记

　　目标树选择时，用色彩醒目的绳带绑扎树干的胸高部位作为临时标记；临时标记的目标树经检查验收合格后，用油漆或其他颜料标记闭合圈做永久固定标记，便于长期管理（图6-3）。

图6-3　目标树标记

6.1.3 采伐干扰树

采伐干扰树目的是为目标树解放空间，促进目标树生长；同时可以获得中间材，获取短期经济收益。

干扰树是目标树经营过程的重要组成部分。干扰树是指对目标树生长构成不良影响的林木，干扰树相对目标树来说是动态的，当树木不影响目标树培育时，它就不是干扰树；当树木的存在影响目标树培育时，它就是干扰树，要对其进行疏伐。干扰树可能是非目的树种，也可能是目的树种。目标树经营的核心目标是目标树培育，以干扰树采伐为手段，以提升森林的综合效益。干扰树是经营过程中获得木材的主要来源之一。

6.1.3.1 干扰树采伐强度和伐除频度

采伐强度：根据林分实际状况和技术规程要求，确定干扰树的采伐强度，充分解放目标树。如果目标树高径比较大，应当降低强度，防止风折，可以通过缩短经营周期，多次小强度采伐达到目的的效果。

伐除频度：根据干扰树对目标树的干扰程度，结合生长速率，一般每5年清除一次，特殊情况可以提前或延后。

6.1.3.2 干扰树选择技术

空间判断：干扰树树冠与目标树树冠之间是否搭接，如果由于干扰树树冠的存在可能导致目标树偏冠或形成死枝，必须及时清除。

距离考量：我们称之为被干扰半径，被干扰半径=0.5×a×下次采伐时目标树胸径，a为目标树达到目标胸径时树冠与胸径的比值。如果目标树和干扰树之间的距离小于被干扰半径，说明目标树可能已经受到干扰。

6.1.3.3 干扰树采伐顺序

优先采伐干扰严重的树木。采伐顺序根据树冠搭接程度确定，搭接程度越大干扰越严重。在树冠没有搭接的情况下，根据目标树被干扰半径范围内其他树木树干与目标树树干间距确定干扰程度，树干间距越小，干扰越大。在搭接程度或树干间距相同的情况下按坡位确定干扰程度，上坡位 > 同坡位 > 下坡位。最后在搭接程度相同且坡位相同的情况下，按阴阳面确定干扰程度，阳面 > 阴面。

经营中如果不能一次采伐所有的干扰树，优先采伐干扰程度大的。

6.1.4　辅助树及其他树管理

6.1.4.1　辅助树管理

辅助树是有利于实现森林的生物多样性提升、珍稀濒危物种保护、森林空间结构改善、土壤保护和改良等功能的林木，也称为生态目标树。比如，目的树种的伴生种或指示种、能为鸟类或者其他动物提供栖息场所的鸟巢树、洞穴树以及胸径15cm以上的大枯立木。

辅助树在不影响目标树生长和林分主导功能发挥的前提下，可适当选择保留，发挥其作用。

6.1.4.2　其他树管理

其他树是指林分中除目标树、干扰树、辅助树以外的林木。

其他树按照"留优去劣"的原则进行疏伐，在保证伐除干扰树的前提下，优先伐除病腐木、弯曲木、Ⅳ级木、Ⅴ级木，为保留木生长创造空间，提高其经济和生态价值（图6-4）。

图6-4　其他树抚育

为了保持森林经营可持续发展，在培育储备优质大径材的过程中，还要不间断地生产中小径材，持续提供经济收入，保障持续经营。因此，对于目标树和干扰树以外的其他林木，按正常的"伐密留稀、伐次留好、伐小留大"原则及时疏伐即可，对于培育木没有影响的其他树种和灌木要适当保留。干扰树和其他树采伐是中间收益的主要来源。

6.1.5　目标树修枝

目标树修枝：人为地除去树冠下部枯枝及部分活枝，使林木形成通直的干形，成为无节疤良材，这是培育大径级木材必不可少的抚育措施。

修枝时机：一般在确定目标树后对目标树进行修枝。

修枝高度：幼树阶段修枝高度不超过树高1/3，最终修枝高度不超过树高1/2。

有效修枝：在修枝高度内，茬口平滑，切口与树体平行，不留短橛，不成坑洼，不撕裂树皮。

修枝保护：对于粗大侧枝要防止劈裂，最好是先从侧枝下部贴树干向上切，基本切开1/3左右，再垂直由上到下切开即可（或者在距离树干10cm外的地方截断侧枝，再将保留的短橛修掉）。

粗壮侧枝及干死枝严重影响树体生长，因此修枝重点是清除树干下部过粗枝条和已经干死的枝，保持良好顶端优势（图6-5）。

修枝前　　　修枝后

图6-5　修枝前后效果对比

6.1.6　伐树和目标树保护

6.1.6.1　防　砸

在采伐中，保护目标树，主要是控制采伐木的树倒方向。

树倒方向主要通过开楂来控制，即锯下楂和锯上楂。下楂口应正对要求的树倒方向，里口要齐，下楂的深度为伐根直径的1/4～1/3，不可过大。

留弦多的一面，由于拉力较大，树会偏向留弦多的一面倒，因此留弦一定要准。

伐大、中径树，都要左、右双留弦。树木的边材强度大，拉力大，留弦应都留在两边，树心留的越小越好。但伐中、小径木，禁止把树心锯透，以防折断油锯的导板。

为防止伐木打拌子[①]，树起身之前，必须加快切削留的弦。如果要求树往正面倒，要同时加快切削两侧的留弦；如果方向往左侧倒，可加快切削右弦，向右侧倒则要加快切削左弦。树倒方向应倒向集材道，且使其与集材道成30°～45°为宜。

"开楂要正、留弦要准、留心要小、树倒要快"，"正、准、小、快"是使用油锯伐木时掌握倒向的四大要素（图6-6）。

图6-6　采伐作业

---

① 打拌子指树木伐倒过程中，因树干、树枝与周围树木、地形等相互牵绊、砠碍，树木没有按预期方向顺利倒下，出现意外卡顿、扭转或反弹等状况。

6.1.6.2　防　撞

在集材过程中，为了保护目标树，防止撞击，采用树木根部捆绑铁皮、橡胶皮，应用管道集材等措施保护目标树（图6-7）。在归楞过程，将木材集中到楞场进行集中归楞，有效防止归楞可能对目标树产生的磕碰。

图6-7　树干基部保护

集材道设置选择林木稀疏、坡度缓和、不宜造成水土流失的地段，充分利用优良地形，必要时架设管道，防止破坏地表植被、撞击目标树（图6-8）。

规范设计使用集材道：全林挂号前要按照要求设置集材道和简易作业道。集材道设置原则：顺山按水流方向设定，间距40m左右，道宽不应超2m。临时简易作业道设置原则：横山沿等高线布设，间距不得低于150m，道宽不应超过2.5m。

图6-8　管道集材

6.1.7　生物多样性保护

对于树冠上筑有鸟巢、树干上具有巢穴的林木，应作为辅助树保留。

要注意保护野生动物的栖息地和活动线路的环境。

国家或地方重点保护树种，或列入珍稀濒危植物名录的树种，应作为生态目标树保留。

保留国家或地方重点保护的植物种。

对于不影响作业进程和目标树种幼苗、幼树生长的灌草应予以保留。

修枝和采伐作业过程中应采取有效防护措施，避免对保留林木和林下植被层造成破坏（图6-9）。

图6-9　采伐过程中保护幼树

按照树木的生物学特性、预防森林病虫害机理，合理配置树种布局，自觉调控林分结构，逐步实现复层、异龄、混交的近自然结构，促进森林健康，提高抵抗病虫害能力。

6.2　均质经营

均质经营就是在森林培育过程中坚持留优去劣（重点保留实生、珍贵树种）的抚育作业法。注重优势木的生长和生长空间的合理性，通过抚育措施使单株林木的材积生长量增加，提高林分质量，实现森林蓄积量持续提升。不刻意追求树木在空间上的均匀保留，允许出现林隙和一定面积的林窗，增加阳光进入量，保护天然更新，提升植物多样性，促进多树种异龄复层混交林的形成。

6.2.1　适用对象

适用于质量一般或错过了目标树经营最佳时期的乔林、中林，以及有培育价值的矮林。

在乔林和中林中，它适用于不能采取目标树经营和转化经营的林分。如质量较好，但径级过大、林龄过高，错过了目标树选择时期的林分；或立地质量较低、质量一般，不需要转化的林分。

在矮林中，适用于年生长量较高，质量较好，未造成林地浪费，且所产出的林产品市场需求较大的林分。如无基本成林树种或顶极树种的萌生天然次生林，其林分质量整体好于需转化经营的林分，这种林分虽因立木质量差无法长成大径级材，但前期生长速度快，是培育中、小径材的理想林分。

6.2.2　经营目标

充分利用林地生产力，发挥林木生长潜力，生产中小径级材，保持全林较大的生长量，渐次增加生物多样性，培育后期形成混交林。

6.2.3　主要措施

6.2.3.1　疏　伐

均质经营的主要措施是伐除林分中干形差、长势弱的残次木，调整立木密度，改善林分结构，为保留木提供适宜的生长空间，促进保留木的生长和森林蓄积量的增加。

采伐必要性：按树种收获量表确定是否需要采伐，疏密度大于收获量表既定值，则认为可以进行疏伐。在形干阶段及以前，也可以参考高径比和自然整枝高度。例如落叶松形干阶段，高径比在80～100比较合理，超过100则说明密度太大、林木纤细，需要疏伐；低于80说明空间较大，高生长不足，要继续保持高密度。自然整枝超过树高的1/2，说明林内透光严重不足，营养枝生长受限，需要及时释放空间。

采伐木的确定：以质定伐，完全按林木个体质量确定留伐，优先伐除质量更加残次的个体，保留相对较好的个体，贯彻保护多样性和营建混交林的理念，伐小留大、伐密留稀、伐次留好、伐先锋留基本、伐萌生留实生，不要求保留木均匀分布。

采伐强度：采伐后目的树种得到抚育，保留木空间充分放开，病腐木、残次木、濒死木得到清除，疏密度接近于合理值。

采伐频率：一般5～7年抚育一次，根据实际需要可以调整，但最短不宜低于3年。

6.2.3.2　更　新

注意保护目的树种的天然更新，在收获前25年左右，若天然更新不能满足二次建群需求，则采用透光、破土、抑灌等措施促进天然更新；当天然更新不足时，通过人工补植完成更新，使二代林形成混交林。

6.2.3.3　主伐收获

根据市场和更新层生长情况确定收获方式，主要分为渐次收获或单次皆伐收获。收获上层木一定要注意保护下层更新层。

6.3 转化经营

转化经营是以现有森林的自然基础为依托，在尽可能少干扰森林自然结构的前提下，通过有效的人为干预活动，促进低质林向优质林，矮林向中林、乔林转化。与大面积皆伐改造不同，转化经营强调通过疏伐或小面积皆伐释放空间，促进天然更新，必要时辅以人工更新，促进森林的进展演替，实现森林质量的提升。相对于传统经营中针对低质天然林的皆伐重造，这里采取的转化经营技术具有以下特征：

①注重对现有森林环境的保护和利用，采取轻干扰措施，优先选择和重点培育优质天然更新林木，若天然更新不足时，则采取人工促进天然更新，逐步优化调整树种或繁殖方式，保持森林持续覆盖，确保生态系统功能持续发挥；

②遵循群落演替规律，划分树种等级，优先采伐先锋树种，保留顶极树种，人为推动进展演替；

③遵循林木生长规律，区分实生和萌生繁殖方式，通过调整树木繁殖方式，诱导林分由矮林向中林和乔林转化，精准提升森林质量；

④注重构建多树种森林生态系统，通过保留优质乡土树种、引进珍贵珍稀树种，丰富树种多样性，建立高质量异龄复层混交林。

6.3.1 适用条件

立地条件好，森林质量残次，各种效益发挥不足，林内具有培育价值的林木很少或基本没有。一般是经过多代萌生的矮林、不适地适树的中林及乔林、遭受灾害难以自我恢复的森林等（图6-10～图6-12）。

图6-10 多代萌生的矮林

图6-11　不适地适树的乔林（林木自然枯死）

图6-12　遭受灾害的乔林

6.3.2　经营目标

在轻干扰强度下，逐渐实现起源（实生、萌生）或树种的调整，提升森林质量、林地生产力和生态功能。

6.3.3　具体措施

主要分为疏伐转化和小面积皆伐转化两种方式。

6.3.3.1　疏伐转化

（1）适用条件

适用于林内还有个别林木质量较好，短期内有一定培育价值的低质林。以疏伐为主要技术措施，通过多次疏伐的方式，不断伐除上层林木，为林下更新释放空间，促进天然更新或实施人工更新，实现树种或繁殖方式的优化（图6-13～图6-15）。

图6-13　疏伐前的林木

图6-14　通过疏伐释放空间

图6-15　促进形成林下更新

（2）疏　伐

通过疏伐，伐除过密、无培育前途的贬值资源，伐后郁闭度一般保持在0.5左右（根据更新树种、立地条件和经营目标不同，郁闭度大小也有所差异）（图6-16、图6-17），为林下更新创造适宜的生长环境。保持一定的郁闭度，维持森林环境，持续发挥森林的各种效益，同时抑制灌草生长。

图6-16　林内大量贬值资源

图6-17　通过伐除无培育价值林木，改善林木生长空间

采伐过程中重点保护好林下已有的符合将来经营目标的优质更新林木，必要时提前做标记，经营中不能砸伤、碰坏。森林内有优质母树时，要重点围绕母树开展经营，促进母树下种，后期形成林下更新（图6-18～图6-20）。

图6-18　标记更新

图6-19　防止幼苗被砸伤

图6-20　伐树时控制树倒方向

　　采伐木选择。优先选择伐除质量残次的多代萌生先锋树种，保留价值更高的林木继续生长，对于林内质量较好的Ⅳ级、Ⅴ级木要保留，对于质量残次的老狼木、霸王树重点采伐（图6-21、图6-22）。

图6-21　质量残次的多代萌生先锋树种

图6-22　采伐老狼木、霸王树

（3）更　新

已有更新管理： 针对林冠下已出现的有效天然更新，如果能在采伐时将这些幼苗、幼树不受损害地保留下来，将有助于促进森林实现更新（图6-23、图6-24）。

图6-23　有效更新蒙古栎、五角枫等

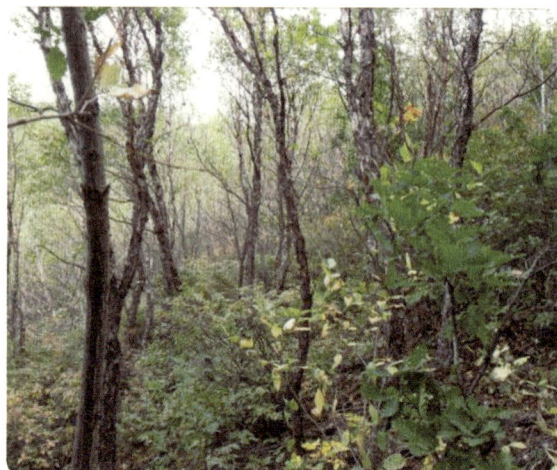

图6-24　无效更新山杨、白桦等

采取的具体措施： 一方面是进行苗木标记，对林冠下实生珍贵树种或目的树种幼苗用红绳标记（不需要棵棵标记，可以按一定的密度，间隔一定的距离，优先标记质量最好的个体），方便作业过程中提醒作业人员加强保护（图6-25）；另一方面是在采伐作业过程中，在伐木、打杈、集材等重点环节加强管理，避免对更新苗木造成损坏。

人工促进天然更新： 当林分有一定更新能力，但受外界因素影响不易实现更新时要借助外力来促进更新。通常采取剩余物清理、破土、架设围栏等措施，促进天然更新形成。

图6-25　标记已有更新幼苗

剩余物清理： 对采伐后的剩余物进行清理，可在林内集中堆放，要求相邻柴垛间距大于10m，枝柴整齐，每垛占地面积不能大于4m²。清理剩余物可以有效为更新创造条件；对于皆伐转化，可考虑全部清出林外（图6-26、图6-27）。

图6-26　抚育剩余物堆放至林边

图6-27　林内堆枝

破土： 在林地内，由于地被物层很厚，种子不能直接接触土壤，这成为种子成苗的重要障碍，通过破土可以改良土壤理化性质，使其通风透气，并除去竞争植物，有利于种子的发芽和幼苗的生长。具体措施：首先，按更新需求确定合理的株行距，进行穴状破土，单穴规格1m×1m即可；其次，清除穴内地表的全部枯落物及腐殖质层，露出地表；再次，根据更新树种种子直径，确定翻松厚度，覆土厚度一般为种子直径的3倍左右（图6-28）；最后，关于实施季节，破土根据不同树种生物学特性，在母树结实成熟前一周左右进行。

架设围栏： 目的是进一步加强林地管护，对林地采取架设闭合式围栏的方式进行管护，确保更新成果（图6-29）。

图6-28　破土使种子接触土壤

图6-29　架设围栏

人工补植： 当天然更新不成功或缺失目的树种时，采用人工补植的方法引进更新。人工更新结合适地适树原则，根据培育目标确定树种，重点选取优质乡土树种和引进珍贵树种，构建多树种混交更新。由于更新树种前期生长在林冠下，所以幼苗期要有一定的耐阴性（图6-30～图6-33）。

图6-30　人工补植引进更新

图6-31　引进珍贵树种——红松

图6-32　优质乡土树种云杉

图6-33　珍贵树种水曲柳

（4）后期抚育

更新层成功建立以后，要及时开展幼抚作业，防止周边灌草影响（图6-34），同时根据更新层苗木个体生长情况，进行修剪作业，通过人工干预，促进苗木形成良好干形（图6-35）。根据更新层需光情况，逐步采伐上层木，促进二代林健康生长，并能逐步替代上层木。

图6-34　围绕幼苗进行穴状割灌

图6-35　珍贵树种修剪促进形成良好干形

6.3.3.2　皆伐转化

（1）适用条件

适用于立地条件好，但林分质量非常残次，绝大多数为贬值林木资源，衰退严重的林分（图6-36）。

图6-36　林分质量十分残次无培育前途

（2）皆伐转化措施

皆伐转化是以小面积皆伐为主要技术措施，通过逐块、逐带改造的方式实现低质林向优质林转化的目的。在小幅度改变森林环境的前提下，人工辅助引进树种，营建高价值森林，为减少皆伐对森林环境和生态的影响，皆伐面积不宜过大。一般可采用带状皆伐和块状皆伐（图6-37、图6-38）。

图6-37　小面积带状皆伐

图6-38　小面积块状皆伐

带状皆伐：顺山布带（方便采伐时的集材作业），自上而下分段皆伐，梯次转化，段长一般20～30m；平坦地带南北向布带（便于更新带受光），带宽20～30m，保持森林环境不受较大改变。

块状皆伐：皆伐块面积不超过0.5hm²，相邻两块间隔不少于100m，坡度较小，不易造成水土流失的，皆伐面积可以适当加大。

（3）更　新

有目的树种种源的优先选择天然更新或人工促进天然更新（措施可参考疏伐转化部分提到的具体措施）；在没有种源或种源不适生的地块要进行人工更新，由于皆伐块（带）没有林木遮蔽，更新树种上要考虑选择适应全光照的苗木（图6-39）。

图6-39　带状皆伐更新造林

（4）后期抚育

在更新层建立后，及时对幼苗进行抚育，主要是进行幼抚作业（包括割灌、折灌、扩穴除草等措施），保证尽快郁闭成林。在幼苗成林后，对保留带或块再按以上方式进行转化更新，依此类推，最终实现对全林的有效转化。

割灌：要求割灌半径达到苗木周围灌草高度的1倍以上，茬高不超过5cm，割灌后将割除的灌木进行清理，做到不压苗，严禁伤苗、割苗，作业到位，上下一致，保障幼抚效果。幼抚过程中，尽量避免全面割灌，注意对珍稀树种和生物多样性保护（图6-40）。

图6-40 割灌作业

折灌：对影响目的树种生长的灌木或萌生非目的树种，通过折断的方式抑制生长，保护目的树种幼树。谁影响，折断谁，不影响，不理睬。折而不断，伤而不死，活而不壮，短时间内不会出现复壮生长，同时起到遮阴作用，减少地表水分蒸腾（图6-41）。

图6-41　折灌作业

扩穴除草：在原栽植穴的边际或整地边际，向四外增扩一定距离，同时将穴内杂草一并清除的措施。一般最少沿原整地边沿外扩10cm（图6-42）。

图6-42　扩穴除草作业

6.4　恒续林经营

恒续林指以持续维持森林有机体健康和生态功能为目标的森林，即通过科学经营，发挥森林的再生作用，使森林周而复始地发挥效能。在恒续林中，时间和空间上林木个体虽处于同一经营单元，不同年龄或不同种的树木相互依存，形成马赛克式的镶嵌体，使森林内部具有持续稳定性。

6.4.1　适用条件

立地条件要求：①能够实现林分的天然更新，满足林分天然更新的需要；②经营条件能够满足单株或群状择伐的需要。

树种要求：①天然更新能力较强；②具有一定耐阴性的阴性或中性树种，如油松、栎类、云杉、红松等。

6.4.2　培育目标

林分达到恒续状态，林分内大、中、小径级的林木同时存在，每个林龄（龄级）都有林木存在，径级越大数量越少，径级越小数量越多，径级和株数呈倒"J"形曲线，不同林龄、径级、树高的林木互相依存，形成马赛克式的镶嵌体。在经营措施上，更新、幼抚、修枝、疏伐、主伐同步进行；在林产品上，大、中、小径级木材同时产出，经济、生态和社会效益不间断发挥，森林生态系统的多种功能相对保持稳定。

6.4.3　培育措施

目标树选择：根据目标胸径确定目标树数量（计算方法参照目标树经营章

节），目标树分布相对均匀，如果某一区域无符合条件的目标树，该区域可不选择目标树，待符合目标树选择条件的林木出现时再选择目标树，实现目标树的异龄结构。

目标树管理：选择目标树后，按照目标树经营的技术和措施对目标树进行经营管理，及时进行标识、修枝和伐除干扰树。

经营周期：根据林分实际情况，一般每5～10年经营1次，主要经营任务是对目标树进行修枝，采伐干扰树，伐除过密、病腐、弯曲的林木，培育更新层，提高林分质量。

目标树采伐：对达到培育目标的林木，采用单株择伐的方式进行采伐。

目标树补充：根据林分实际状况，在达到目标树选择标准的区域及时补充选择目标树，保持林分内目标树分布相对均匀。

更新层管理：在整个培育周期，时刻关注适生目的树种的天然更新。特别是每次经营活动（疏伐、目标树采伐）结束后，要及时的对采伐迹地进行更新层管理，采取割灌、折灌、扩穴、透光等措施保护和培育已有实生更新。当天然更新不足时，要采用破土、扩穴、割灌、补植等人工促进天然更新或人工更新措施，保证更新数量要能够满足复层、异龄林需求。

其他树管理：其他树按照"留优去劣""间密留稀"的原则进行疏伐，参照自然整枝、高径比等指标保留合理密度。一般采伐后郁闭度下降不低于20%。采伐方式上可根据林分实际状况，采用群团状采伐的方式，以利于更新层的形成和生长。

6.5　典型案例

6.5.1　目标树经营

6.5.1.1　林分基本概况

龙头山良繁场上西沟，123A/104小班，面积12.87hm²，落叶松人工单层纯林，零星分布白桦、黑桦，林龄33年，海拔1444m，坡度23°，坡向东北，全坡位，密度1095株/hm²，平均胸径17cm，优势树高16.3m，公顷蓄积量151.5m³。

6.5.1.2 林分分析

该林分类型为落叶松乔林，当前发展阶段为展冠阶段，技术路线采取以目标树为架构的全林经营。

经营目标：培育多功能森林，经营期90年左右，目标树终伐胸径60cm，二次建群实现复层混交。生物多样性渐次恢复，生态功能逐渐完备，森林的多种功能充分发挥，实现可持续经营。

经营措施：

①选择落叶松为目标树，当树高达到该树种终高1/2时，选择干直、冠满、健康的优势木作为目标树，目标树数量控制在105株/hm²。对选定的目标树用红色油漆在胸径处闭合圆圈进行标记，同时对目标树进行修枝。

②及时伐除干扰树，为目标树生长释放空间。按干扰树确定标准，针对每株目标树确定相应的干扰树。目标树选择初期林分密度较大（1575株/hm²），高径比96，树木纤细，因此采伐干扰树强度不宜过大，以防止风折。初步确定每株目标树采伐干扰树3株，此时株数强度在20%左右。

③对不影响目标树的其他林木，按照"留优去劣、间密留稀、伐小留大、伐萌留实、伐先锋留基本"的原则进行疏伐，为优势木生长释放空间，提高全林生长量，作业间隔期为5年左右。保持强度在10%左右即可，这样小班株数强度在30%左右。这样既解放了目标树，也采伐了林内的残次木，为保留木创造了生长空间。

④注意保护天然更新，在终伐前20年，若天然更新不能满足二次建群需要，则进行人工补植，实现二代林异龄混交。

6.5.1.3 经营历史

近10年首次作业在2014年，采取疏伐作业，伐前密度为2025株/hm²，伐后密度为1575株/hm²，间伐株强度22%，蓄积强度10.4%。2018年采取生长伐，选择目标树，伐前密度为1575株/hm²，伐后密度为1095株/hm²，间伐株强度30.5%，蓄积强度24.5%（图6-43）。

图6-43　2014年抚育前后对比

6.5.1.4　经营效果

当前林分内目标树数量为105株/hm²，目标树平均胸径为23cm，达到培育目标后能够获得优质的大径级木材；同时全林密度为1095株/hm²，在培育优质大径材过程中还能持续生产中小径材；当前林下更新为油松、五角枫，数量达到525株/hm²，可以预见将来在收获目标树前能建立有效二代林，生物多样性不断丰富、森林植被持续覆盖；经济、生态效益持续发挥，实现可持续经营（图6-44）。

图6-44　目标树经营效果

6.5.2　均质经营

6.5.2.1　林分基本情况

　　良繁场0132林班00112小班，面积3.7hm²，海拔1264m，坡度6°，坡向西南，中坡位，土壤为棕壤，厚度45cm，可及度为"可及"。主林层为人工落叶松，树种组成10落，林龄51年，郁闭度0.7，平均胸径33.3cm，平均树高25m，密度315株/hm²，公顷蓄积量165m³。林下更新红松、云杉、油松、蒙古栎、白桦、榆树等树种，共计1695株/hm²。其中红松是2010年人工栽植，密度为585株/hm²；其他树种是天然更新，密度为1110株/hm²。

6.5.2.2　林分分析

　　该林分所处立地条件较好，可及度高，但林龄较高、胸径较大，错过了目标树选择最佳时期，且林分密度低，可选作目标树的优质个体数量较少、分布不均，不能实现目标树经营中主林层目标树树冠覆盖整个林地的目的。所以此林分采取均质经营的技术路线，对落叶松进行疏伐，留优去劣，为保留木提供足够的生长空间，促进保留木生长。经营目标确定为充分利用林地生产力，发挥林木生长潜力，生产中小径级材。主要经营措施是疏伐，以质定伐，完全按林木个体质量确定留伐，优先伐除Ⅳ级、Ⅴ级木，保留相对较好的个体，伐次留好、伐小留大、伐密留稀，不要求保留木均匀分布，允许出现林隙和一定面积的林窗。采伐后目的树种得到抚育，保留木生长空间充分放开，病腐木、残次木、濒死木得到清除，林相整齐。同时，考虑到林地的充分利用等问题，可以在林内出现的林隙和林窗内进行人工促进更新，丰富林内植物多样性，实现二次建群和森林持续覆盖的恒续林状态。

6.5.2.3　经营历史

该小班分别在2009年、2013年和2021年进行作业，共消耗蓄积量286m³，产材205m³，主要是伐除Ⅳ级、Ⅴ级木及过密、病腐、弯曲的林木，保留木以构成林冠主体的中等木为主（树高、胸径均为中等大小）。其中，2009年抚育作业株数强度44.4%，蓄积强度46.8%，采伐蓄积量201hm²，出材量138m³；2013年抚育作业株数强度12.5%，蓄积强度7.0%，采伐蓄积量40m³，产材30m³，2014年追加修枝作业；2021年作业株数强度13.0%，蓄积强度7.0%，消耗蓄积量45m³，产材37m³。

6.5.2.4　经营效果

均质经营对林分生长的影响：采取均质经营后，华北落叶松人工林平均胸径年生长量为0.3cm，为对照样地的1.25倍；林分蓄积年生长量5.66m³/hm²，生长率达到4.9%，分别为对照样地的1.40倍和1.63倍。以上结果表明，均质经营措施明显提高了华北落叶松人工林的生长量。实施均质经营后，林下天然实生更新树种达6种，每公顷1110株，主要有油松、云杉、蒙古栎、白桦、榆树、落叶松等。这些天然更新树种高度已经达到3m左右，生长健康，预计将来能形成高质量的异龄复层针阔混交林（图6-45）。均质经营也能有效促进单层纯林向异龄复层混交林发展，通过合理疏伐，不要求绝对均匀保留，有效增加了林内透光，促进天然更新形成，为异龄复层混交林的形成创造基础条件。

　　均质经营对森林碳汇的影响：采取均质经营措施后，华北落叶松人工林的生物碳储量略低于对照样地，分别为71.82t/hm^{2}和78.04t/hm^2，但其年固碳能力明显高于对照样地，分别为2.96t/hm^{2}和2.11t/hm^2，经营样地为对照样地的1.40倍。总碳储量低于对照是因为均质经营伐除了部分林木；年固碳能力增加是由于均质经营降低了林分密度，改善了林分结构，促进了保留木的生长，提高了林分生产力，使得固碳能力得到明显提高。

图6-45　均质经营样地

6.5.3　疏伐转化

6.5.3.1　林分基本情况

　　良繁场大阴背0131林班00027小班，面积7.1hm^2，海拔1362m，坡度11°，坡向东北，上坡位，可及度为"即可及"，矮林，平均胸径10.4cm，胸高断面积10.9m^2/hm^2，优势树高16.9m，林龄52年，公顷株数1275株，树种组成4黑3白1杨1柞1枫，郁闭度0.7，健康程度良好，公顷蓄积量58.5m^3，林下植被丰富。天然更新层树种为椴树、五角枫、蒙古栎、桦树、山杨、落叶松，合计公顷株数600株，天然更新优势树高3.6m；人工更新层树种有水曲柳、黄波罗、红松、油松，公顷株数435株，平均树高2.3m（图6-46）。

图6-46   疏伐转化经营样地

6.5.3.2   林分分析

该林分为多代萌生矮林，所处立地条件较好，可及度高。林分主要以杨树、桦树为主，按龄组划分已达过熟林阶段。由于是多代萌生，具备萌生树的共同特性，树木生长表现出后劲不足，已无培育前途，同时还造成了优质林地的浪费，林地生产力没有得到充分发挥。利用现有林分特点开展中小径材培育，延续经营期20～30年，结合天然更新和人工补植，加速矮林向中林、乔林转化，短期以木材培育为目标，长期以将林分转化为结构合理、质量优良、可持续经营为目标。经营技术路线为转化经营，以疏伐为主要技术措施，通过多次疏伐的方式，不断伐除上层林木，为林下更新释放空间，促进天然更新或实施人工更新，实现树种或繁殖方式的优化。现阶段林分已实现林下更新层的建立，经营措施重点围绕更新层苗木的培育开展，视苗木生长情况，确定合理作业频次，继续对上层林木进行疏伐，增加透光，为更新层苗木生长创造营养空间，保证更新层林木健康生长，逐步实现林分更替，促进形成异龄复层混交林。

6.5.3.3　经营历史

该小班在2015年进行抚育作业，作业强度为株数强度19%，蓄积强度为31%，主要伐除了霸王木及过密、腐朽、弯曲的林木，消耗蓄积量124m^3，产材52m^3。作业后在林冠下进行了人工补植，栽植树种有黄波罗、水曲柳、红松、油松。

6.5.3.4　经营成效

乔木树种明显增加，在原有山杨、白桦两个先锋树种的基础上，新增了椴树、五角枫、蒙古栎、红松、水曲柳、黄波罗、落叶松、油松。通过天然更新和人工补植实现了树种结构的调整，丰富了林分的物种多样性，促进了天然次生林的正向演替。转化经营实施的抚育作业促进了林木的生长，胸径年生长量由0.25cm增加到0.39cm，蓄积量年生长量由2.49m^3/hm^{2}增加到2.73m^3/hm^2（图6-47）。

图6-47　转化经营成效

6.5.4　皆伐转化

6.5.4.1　林分基本情况

良繁场大阴坡0131林班00024小班，面积5.87hm^2，海拔1390m，坡度14°，坡向东北，上坡位，可及度为"即可及"，矮林，平均胸径15.6cm，胸高断面积6m^2/hm^2，优势树高16.5m，林龄65年，公顷株数315株，树种组成5白4杨1黑，郁闭度0.7，健康程度良好，公顷蓄积量48m^3，林下植被丰富。

皆伐块更新信息：水曲柳更新造林密度为2505株/hm^{2}和3330株/hm^{2}各0.5hm^2，平均苗高0.28m；黄波罗更新造林密度为2500株/hm^{2}和3330株/hm^{2}各0.6hm^2，平均苗高0.28m；红松更新造林密度为1110株/hm^{2}和1665株/hm^{2}各0.5hm^2，平均苗高0.36m（图6-48）。

图6-48　皆伐转化

6.5.4.2　林分分析

该林分为多代萌生矮林，以林分质量非常残次且处于过熟阶段的杨树、桦树为主，林木生长受限，森林已呈现衰退态势，各种效益发挥不充分。对此种林分采用缓和、渐进的方式，调整树种结构，优化林分繁殖方式，将实现矮林向乔林的转变、提升森林质量、恢复森林生态系统稳定性、发挥森林各种效益作为经营目标。经营类型属于转化经营，采取小面积皆伐为主要技术措施，通过逐块或逐带转化的方式实现低质林向优质林转变。为减少对森林环境和生态的影响，皆伐面积不宜过大，该林分进行块状皆伐：每块面积0.5hm²左右，相邻两块间隔不少于100m。由于林分周边没有适生的目的树种种源，根据经营需要，在块状皆伐后随即实施了人工补植，引进优质种源，补植树种有水曲柳、黄波罗、红松，同时设置了不同栽植密度，希望通过长期监测苗木的生长情况，为确定全光下不同树种更加合理的栽植密度提供参考依据。在更新层建立后，及时对更新层进行抚育，保证幼苗尽快郁闭成林，在幼苗成林后，对保留块再按以上方式进行更新，以此类推，最终实现对全林的有效转化。

6.5.4.3　经营历史

该小班分别在2018年和2022年进行作业，作业强度为株数强度38%～47%，蓄积强度为21%～54%，主要是伐除霸王木及过密、腐朽、弯曲的林木，2次作业共消耗蓄积量485m³，产材352m³。2022年作业后对皆伐块进行了人工补植，补植了水曲柳、黄波罗、红松。

6.5.4.4　经营成效

皆伐块以补植乡土珍稀树种和引进适生的珍稀树种为主，增加了珍稀珍贵树种比例，进一步丰富林场树种资源、改善树种结构，增加了珍稀树种数量和种群密度，旨在培育优质大径级珍稀树种用材资源，实现林分由矮林向乔林转变，促进形成健康、稳定、优质、高效的森林生态系统。

6.5.5 恒续林经营

6.5.5.1 林分基本情况

燕格柏分场天桥营林区0050林班00057小班，面积4.3hm²，海拔1377m，坡向为西南，中坡位，可及度为"即可及"，天然乔林，油松纯林，林龄1～90年，上层林密度540株/hm²，平均胸径23.5cm，胸高断面积26.2m²/hm²，亚林层和更新层密度2175株/hm²，郁闭度0.7，林分健康，林分蓄积量150m³/hm²，优势树高21m（图6-49）。

图6-49　恒续林经营

6.5.5.2 林分分析

该林分所处立地条件较好，可及度高，林分处在疏伐阶段，为复层林，林下油松天然更新数量多，林分内大、中、小径级的林木同时存在，每个林龄（龄级）

都有林木存在，径级越大数量越少，径级越小数量越多。由于油松具有培育优质大径级木材的潜力，且其天然更新能力强，在一定条件下能够持续更新，加之立地条件和可及度较高能够满足恒续林经营的需求，因此经营目标确定为培育优质大径级木材，目标直径确定为60cm，经营技术路线确定为恒续林经营。当前林分胸高断面积较大，达到26.2m²/hm²，确定经营周期为3～5年作业1次。主要经营措施：①选择目标树并标识，同时对目标树进行修枝，当前林分优势树高达到21m，修枝高度确定为5m；②采伐干扰树，为目标树生长释放空间；③其他树管理，伐除过密、病腐、弯曲的林木，培育更新层和后备目标树；④加强更新层管理，对林下的油松更新进行透光，促进其健康生长。

6.5.5.3 经营历史

该小班林分在2014年进行过作业，株数强度25%～30%，蓄积强度为20%左右，主要是选择目标树、采伐干扰树和伐除过密、腐朽、弯曲林木，对目标树进行修枝等，共消耗蓄积量97m³，产材65m³。

6.5.5.4 经营成效

当前林分内目标树共455株，目标树平均胸径为26.8cm，平均树高为18.5m，全林密度为105株/hm²，林分健康程度高，林地水平和垂直空间得到了充分利用，林下更新数量达到2000株/hm²以上，能够满足经营需要，全林蓄积量达到645m³，林分恒续状态基本形成。

第7章

主要技术模式效果监测及分析

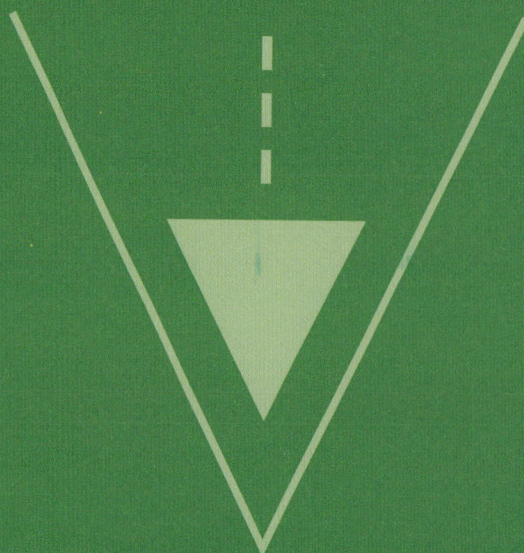

成效监测是为了监测和评估森林抚育成效，分析研究树木生长规律、生态环境变化及植物多样性变化情况，总结森林抚育工作经验，完善森林抚育技术措施，科学编制森林经营方案，制定森林经营指导思想而进行的观测分析。针对不同森林类型、立地条件、发育阶段、经营措施等设置作业固定标准地，定期观测森林生长变化数据，与未经营林分（简称对照地）进行对比，并结合树干解析和相关分析进行综合分析评价。通过监测，建立木兰林场近自然森林培育效果长期跟踪监测数据体系，科学掌握森林资源动态变化，客观评价森林培育理念、技术在森林培育中产生的生态、社会和经济效益，为森林抚育提供基础数据和实践经验，并为探索森林培育技术模式、优化森林结构、促进林木生长、提高森林质量、科学推进森林经营工作提供科学依据。

木兰围场地处蒙古高原和冀北山地的过渡带，为阴山山脉、大兴安岭山脉的尾部与燕山山脉的结合部，地势西北高东南低，具有坝下、接坝、坝上三大地形区，属北（寒）温带—中温带、半湿润—半干旱大陆性季风型高原—山地气候。

木兰围场具有典型的地理环境和气候环境，木兰林场森林培育监测数据可为周边地区森林经营提供参考依据，从而提高本地区森林经营水平，提高森林质量，增强京津冀重要的生态保障区功能。

7.1　监测内容

监测内容为能够反映森林经营效果的指标，一般包括林分基本情况、林分环境、森林健康度、森林自然度。

7.1.1　林分基本情况

林分基本情况包括林龄、林分繁殖方式、林分组成、林分平均胸径、林分平均高、林分密度、林分质量、林层结构及林地历史等。

7.1.2 林分环境

林分环境因子包括乔灌木、活地被物、地理环境、土壤、气候等因子。其中，土壤因子包括土壤剖面、土壤性质、土壤养分、土壤水分物理性质。

7.1.3 森林健康度

森林健康度监测内容主要为森林遭受病虫害种类及危害程度，以及人为活动、火灾及自然灾害等造成的破坏程度。

7.1.4 森林自然度

森林自然度监测内容为人为活动对森林演替的影响，主要调查人工林的造林简史、近期实施的经营活动情况及当前森林演替类型。

在确定具体监测指标时，重点考虑科学评判主导目标的实现程度，具有可实施性和可量化性。如以培育优质大径材为主导目标的林分，评价指标主要围绕全林生长、目标树生长、林下生物多样性变化、土壤理化性质变化等；以水源涵养为主导目标的林分，评价指标主要围绕林木生长活力、树种及繁殖方式组成、土壤与保水固土能力相关因子等。

7.2 监测方法

采用固定标准地调查法，通过定期观测作业标准地和对照标准地林分状况，分析森林培育效果。

标准地是根据人为判断选定的能够充分代表林分总体特征平均水平的地块，这种地块称作典型样地，简称标准地。根据标准地实测调查结果，推算全林分的调查方法称作标准地调查法。

7.2.1　标准地类型选择

当前主要围绕森林类型、发育阶段、技术路线等 3 个因素开展成效监测。如实施目标树经营技术路线的、处于展冠阶段的华北落叶松乔林；实施转化经营的、处于成熟阶段的杨桦矮林。

7.2.2　标准地位置选择

监测样地尽量选择在具有广泛代表性，且交通便利，便于长期调查、观测的位置。

7.2.3　标准地设置

7.2.3.1　标准地大小

一般设置 20m×30m 大小的长方形样地（根据实际情况也可设置面积为 1 亩[①]或 0.1hm²）。

7.2.3.2　标准地数量

根据森林抚育的实施情况，按任务量大小比例确定固定样地数量，原则上每种类型不低于 3 组。

7.2.3.3　标准地布设

按作业和对照成组同时布设固定标准地，即在同一小班（作业地块）内选择立地条件、林分状况等因子基本相同的地块，沿等高线平行布设（根据不同试验需求和作业类型可设一组多块样地）。

（1）典型地块选择

所设标准地要离开林缘 20m 以上，且具有充分的代表性。样地内不能有河流、道路和较大比例的岩石裸露地及沟壑（图 7-1）。

---

① 1 亩 ≈ 0.0667hm²，下同。

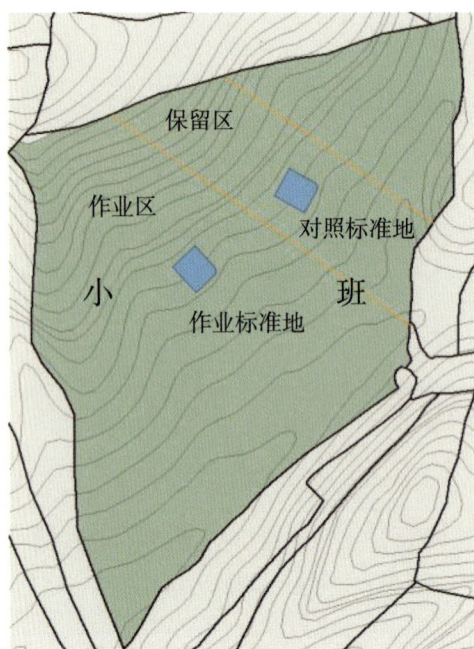

图7-1　样地设置示意图

（2）境界测量

标准地位置确定后，在平坦标准地左侧靠近林缘方向或坡地标准地左下角用GPS定点，并以此点为起点，用罗盘仪定向，皮尺测距（坡度大于5°要改算水平距）完成地面标准地范围圈设。要求境界线闭合差不得超过1/200。

（3）边界标记

在作业和对照标准地外围分别保留20m以上的缓冲带，并用油漆沿界线喷涂标记。

同时，在标准地四角埋设水泥标桩，标桩要求稳固且便于查找，以利于长期监测。在标准地左下角水泥桩上部外侧标明标准地号。同时，在GIS软件中绘出样地位置与图形，与《标准地调查记录表》一起存入档案。

样地位置和边界一经确认布设完成，不可改动。

（4）样木标记

对标准地内的每个胸径≥5cm的树木个体在1.3m处用油漆呈"T"字形标注胸高位置，并在胸高位置上方或下方用鲜明油漆标号，并将每株检尺立木标注在样木位置示意图上。样木编号要方便复测，对于坡度较小方便上下行走复测的人工林可按造林行列编号，对于坡度大或位置不规则的天然林可采取横山往复式编号。目标树用持久、醒目的油漆在高1.7m处左右闭环标注（图7-2）。

图7-2　树干标记示意图

7.2.4　标准地调查

7.2.4.1　地理环境

（1）位置确定

采集标准地西南角点的卫星导航定位坐标值（国家2000大地坐标），经纬度（小数度，5位小数）与公里网格两种格式。

（2）海　拔

用海拔仪或具有测海拔功能的GPS设备测定，测定前必须校准。

（3）坡　度

采用仪器实测标准地的平均坡度。

（4）坡　向

按东、南、西、北、东北、东南、西北、西南以及无9个方位确定坡向。

（5）坡　位

分脊、上、中、下、谷、平地6个坡位。

7.2.4.2 土壤与保水固土能力因子调查

（1）土壤调查

在样地缓冲区内选择有代表性的地点进行土壤剖面设置。在每个采样点挖一个0.8m×1.0m的长方形土壤剖面。坡地上应顺坡挖掘，坡上面为观测面；剖面的深度根据具体情况确定，一般要求达到母质层，土层较厚的挖掘到1.0m深度处。

剖面上部不允许踩踏和堆土，需保持植被和枯落物的完整。剖面挖掘完成后，将观察面一边修成光滑面，以便于进行土壤剖面特征记录和取样。挖出的土壤应按层次放在剖面两侧，便于按原来层次回填。然后，分别记录各土层的厚度、颜色、质地、根量、石砾含量，并拍摄土壤剖面图片存档。

（2）枯落物层调查

在样地内设1m×1m的小样方（如果枯落物太厚或太多，可将面积减半），用钢尺测量枯落物层厚度。

将样方内枯落物分层（未分解层和半分解层分开取样），装入塑料袋中，带回实验室，称重。取部分样品用电子天平称重并记录，然后用烘箱在70～80℃下将样品烘干至恒重，冷却后称重，得样品干重，计算枯落物自然含水率，然后换算枯落物总储量。

将风干的枯落物样品，按照未分解层和半分解层分别取3份，装入细网尼龙袋，用电子天平称重并记录，进行浸水实验，浸泡24h后，静置至枯落物仅有极少的水滴滴出为止。称枯落物的湿重并进行记录，计算枯落物最大持水量和最大持水率。

（3）土壤水分物理性质测定

用环刀分层取样。采用机械分层，分为0～10cm、10～20cm、20～40cm 3个深度土壤。取样为3个重复，3次取样尽量不要离得太远。

取土应按先上后下的原则。取样时，将去盖的环刀套在环刀柄上，向下按压，与挖出的临时土壤水平面持平，切勿过度按压；然后，用土壤刀将环刀带土取出，去除多余的土壤，盖上已放好滤纸的环刀孔盖，再盖好另一个盖。对取好土的环刀编号，带回室内测定土壤的水分物理性质。

（4）土壤养分测定

采用机械分层，分为0～10cm，10～20cm，20～40cm 3个深度土层。取土应按先下后上的原则，以免混杂土壤。为克服层次间的过渡现象，采样时应在各层的中部采集。采集的土样要剔除石砾、根等杂物，每层取土样不少于200g，装入土壤袋，土袋内外附上标签，标签上记载样方号、采样地点、采集深度、采集日期和采集人等。

取回的土样，风干后，用于测定土壤的pH值、碱解氮、速效磷、速效钾、有机质含量。土壤pH值采用酸度计法；土壤有机质含量采用重铬酸钾容量法进行测定；土壤碱解氮采用碱解扩散法测定；土壤速效磷采用钼锑抗比色法测定；土壤速效钾采用乙酸铵浸提—火焰光度法测定。

7.2.4.3　林分因子调查

林分因子调查内容包括林分繁殖方式、林分年龄、树种组成、林分密度、立地质量、林木大小、数量和质量。

（1）林分起源和繁殖材料

确定林分起源主要是通过查阅资料、现地或走访调查等方式确定。

天然林和人工林。天然林是指由天然下种、人工促进天然更新或萌生所形成的森林；人工林是指由人为供给苗木、种子或营养器官进行造林，培育成的森林。

实生林和萌生林。实生林是指由种子繁殖的树木组成的林分；萌生林是指由根株上萌发或根蘖树木形成的林分。

（2）林分年龄

林分年龄的测定主要采用以下方法。

测定树木年龄：

①通过查数伐根上的年轮数或查阅造林档案，确定组成林分的树木年龄；

②利用生长锥钻取胸高部位的木芯，查数年轮数，确定树木的胸高年龄。胸高年龄+树木生长到胸高时的年数=树木年龄。

计算林分年龄：

①绝对同龄林分，林分中的任何一株树木的年龄就是该林分年龄；

②相对同龄林或异龄林，林分年龄为林分树木的算术平均年龄或加权平均年龄，即

$$\overline{A} = \frac{\sum_{i=1}^{n} A_i}{n} \text{（算术平均年龄）}$$

$$\overline{A} = \frac{\sum_{i=1}^{n} G_i A_i}{\sum_{i=1}^{n} G_i} \text{（断面积加权平均年龄）}$$

式中：$\overline{A}$——林分平均年龄；

n——查定年龄的树木株数；

A_i——第i株林木年龄（i=1，2，3，…，n）

G_i——第i株林木的胸高断面积（i=1，2，3，…，n）

算术平均年龄适合在查定树木年龄株数较少时使用；断面积加权平均年龄适合在查定树木年龄株数较多时或用于异龄林的查定；

③异龄混交林不采用林分平均年龄，而是按照主要树种或目的树种的年龄来确定；

④异龄复层混交林则是按照林层分树种记载林龄，以各层优势树种的年龄作为该林层的年龄。

（3）林木调查

每木胸径调查：在标准地内区分各树种活立木、枯立木、倒木，用树木胸径尺测定每株树木的胸径。

测径时应注意：必须测定距地面1.3m处直径，在坡地量测坡上1.3m处直径；在1.3m以下分叉者应视为两株树，分别检尺；当1.3m处出现轮枝等不规则形状时，应分别量取上下10cm相对规则处的直径，取其平均值作为胸径；测定位于标准地边界上的树木时，按照"北要南不要，取东舍西"的原则确定界内样木。

树高调查：树高可全林测量，也可按径阶分布趋势，选定一定数量相应植株进行测量，测量精确到0.1m。

抽样测定需根据树种和径阶测树高，主要树种测15～20株，中央径阶多测，两端逐次少测；对其他次要树种可选3～5株相当于平均直径大小的树木测高，取其平均值为平均高。

测高器选择：测高器的种类很多，如勃鲁莱测高器、激光测高测距仪、超声

波测高器、测杆等。不同林分条件下最佳测高仪器也不一样。

①平均树高10m以上，稀疏林分。宜选用勃鲁莱测高器、超声波测高器。

勃鲁莱测高器是基于相似直角三角形原理，使用时需要先测出测点到树木的水平距离，且这个距离必须为10m、15m、20m、30m中的一个。在坡地测高时，根据坡度将斜距改为水平距，先观测树梢测得h_1，再观测树基测得h_2。若两次观测符号相反（仰视为正，俯视为负），则树高$(H)=h_1+h_2$；若两次观测符号相同，则$H=h_1-h_2$。当水平距与树高最接近时，测高误差最小，因此，树高太小（小于5m）时，不宜使用勃鲁莱测高器。

激光测高测距仪根据激光测距原理直接进行水平距离和斜距测量。超声波测高器是目前最适用的测高器。如图7-3所示。

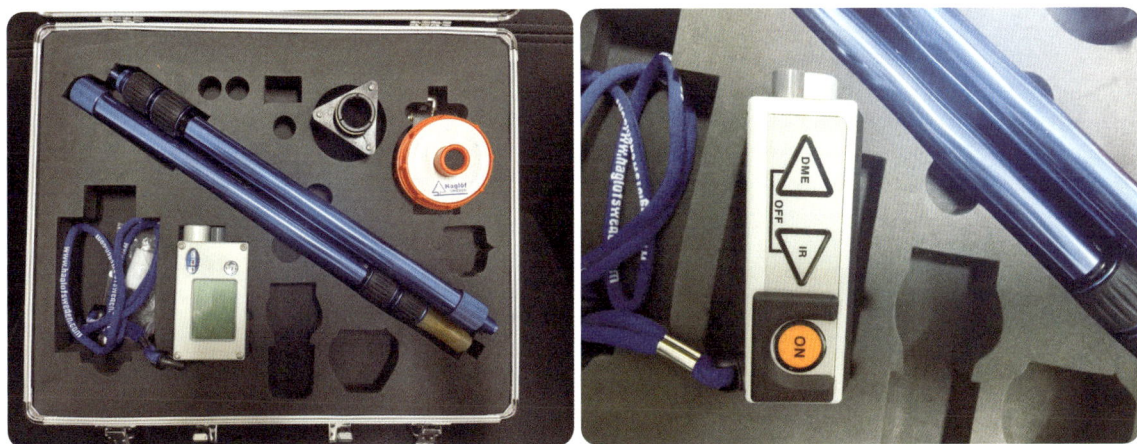

图7-3　超声波测距仪

②树高10m以下密林宜用特制测高杆测高。测高杆需至少2人配合开展测量。1人观察测高杆是否正确到达树顶，1人持杆在树下测量，用测高杆测高精确到0.1m。

冠幅测定：冠幅测量样木与测高样木一一对应，即测高样木同时测定枝下高和冠幅。枝下高精确到0.1m。冠幅按东西、南北两个方向量测，精确到0.1m。

林木位置：以标准地的左下（西南）角界桩为零点。分别向相邻两个角桩拉延伸线作为测定样木位置起始线，即x轴、y轴，用于测定每株样木距x轴和y轴之间的水平距离，并以此绘制样地每株样木点位图（图7-4）。

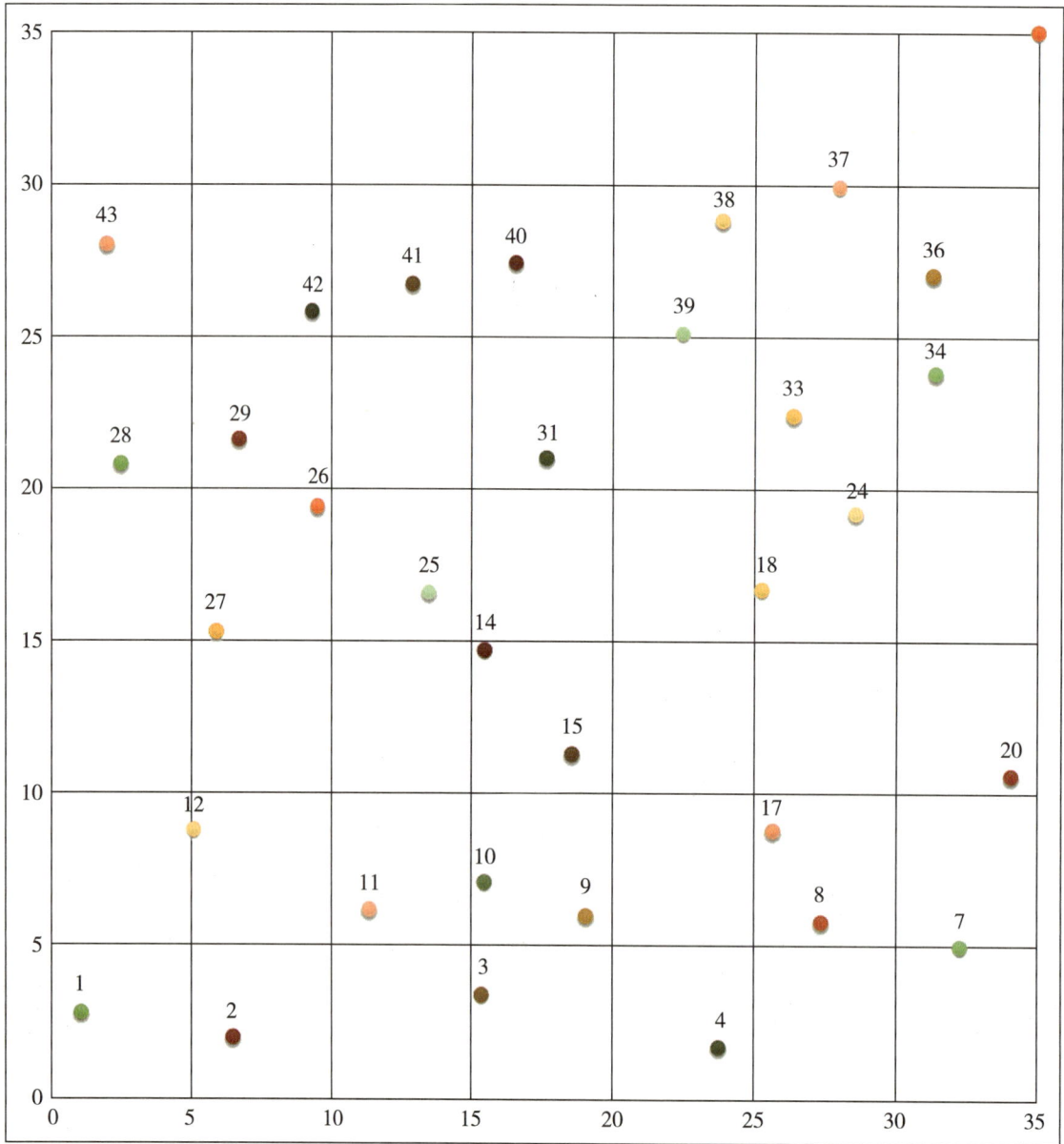

图7-4　树木位置示意图

郁闭度：在标准地内沿对角线每隔2m设置1个样点，在各点上确定是否被树冠覆盖，统计被覆盖的点数，被覆盖的点数除以总点数则为郁闭度，保留1位小数。

林分组成：对标准地内的乔木进行每木调查，计算每个树种在林分中所占蓄积量比例，以划分林分组成。

（4）林下植物

林下灌木、草本更新调查样方设置采用梅花取样法，即样地中心1个，四角各

1个。中心样方以样地中心为中心与样地平行设置，四角样方在样地对角线上2m
位置设起始点与样地平行设置。如图7-5所示（以1亩样地为示例）。

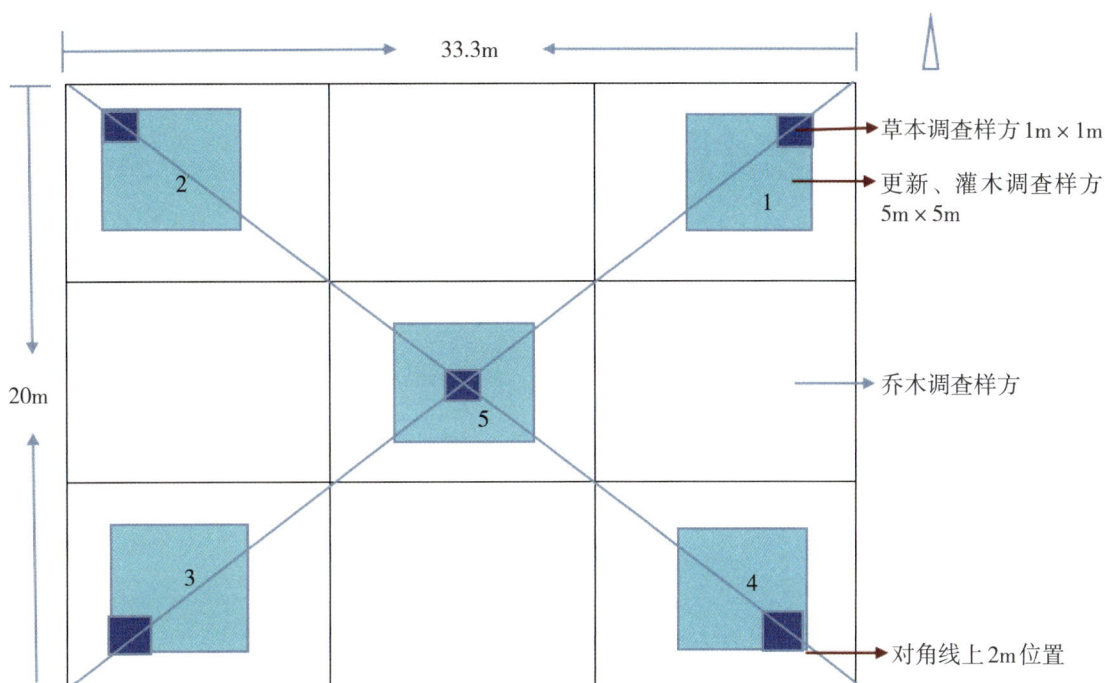

图7-5　森林培育监测调查样方分布示意图

灌木调查：在每个样地内设置5个样方，样地中心1个，四角各1个（图7-5）。
每个样方大小为25m²（5m×5m）。在各样方内调查记录灌木种类、数量、平均高
度、盖度等。

草本调查：在标准地内5个灌木样方的内外四角或中心各设1块大小为1m²
（1m×1m）小样方。在各样方内分别调查记录各草本的物种、数量、高度和盖度。

乔木更新调查：在每个标准地内设置5个样方，样地中心1个，四角各1个，
样方大小为25m²（5m×5m）。在各样方内调查乔木更新幼树（树高≥30cm，但胸
径<5cm）、幼苗（树高<30cm）的种类、数量、高度、胸径或地径、质量等。

调查注意事项：数量为各物种的株数或丛数。盖度指植物地上部分(枝叶)的
垂直投影，以覆盖面积的百分比表示。各种之间盖度之和常大于总盖度。植物高
度反映植物的生长情况、竞争和适应能力。测定每种植物高度时，应注意测量其
自然高度并取平均值。

（5）森林健康度调查

调查病虫害、鼠（兔）害、土壤侵蚀、森林火灾、环境污染、自然灾害（干旱、冰雹、雪压等）、有害植物、人类活动（如剥皮、盗伐、放牧）等的种类、位置（部位）、程度。

森林灾害调查： 森林灾害等级根据林木受森林病原微生物、有害昆虫、鼠、兔类种群及有害植物的侵害程度，由轻到重分为无危害、轻度危害、中度危害和重度危害4个等级（表7-1）。

表7-1　森林灾害等级评定标准

等　级	森林病虫害	森林火灾	气候灾害和其他
无	受害立木株数10%以下	未成灾	未成灾
轻	受害立木株数10%～29%	受害立木株数20%以下，仍能恢复生长	受害立木株数20%以下
中	受害立木株数30%～59%	受害立木株数20%～49%，生长受到明显抑制	受害立木株数20%～59%
重	受害立木株数60%以上	受害立木株数株数50%以上，以濒死木和死亡木为主	受害立木株数60%以上

森林土壤侵蚀程度： 土壤侵蚀等级是土壤在遭受侵蚀过程中所达到的不同阶段，划分为无明显侵蚀、轻度侵蚀、中度侵蚀、强烈侵蚀及剧烈侵蚀5个级别。当发生层明显时，根据土壤剖面中A层（淋溶层：包括腐殖质层和灰化层）、B层（淀积层）及C层（母质层）的丧失程度来衡量；当发生层不明显时，即侵蚀土壤是母质甚至母岩直接风化发育的新成土或人为堆积填埋而成的新成土（无法划分A、B层），且缺乏完整的土壤发生层剖面进行对比时，根据活土层的完整程度来划分（表7-2）。

表7-2　土壤侵蚀等级划分标准

级　别	发生层明显时	发生层不明显时（新成土）
无	A、B、C三层剖面保持完整	活土层完整
轻　度	A层保留厚度大于1/2，B、C层完整	活土层小部分被蚀
中　度	A层保留厚度大于1/3，B、C层完整	活土层厚度50%以上被蚀
强　烈	A层无保留，B层开始裸露，受到剥蚀	活土层全部被蚀
剧　烈	A、B层全部剥蚀，C层出露，受到剥蚀	母质层部分被蚀

注：参考《土壤侵蚀分类分级标准》（SL190—2007）。

（6）森林自然度划定

森林自然度是指地段森林生长发育过程状态与森林稳定（顶极）状态的距离，具体含义包括总蓄积量、蓄积结构（径级分布、垂直分布）、树种组成等与森林顶极状态的近似程度。为在生产实际中便于操作，根据森林自然度的含义，我们将森林自然度划分成Ⅰ～Ⅴ 5个等级。为明确森林自然度等级划分的定量指标，需先确定Ⅰ～Ⅴ级森林自然度划分的原则，该原则可用于外业小班目测划分（表7–3）。

表7-3　森林自然度划分标准

自然度	划分标准
Ⅰ	原始或受人为影响很小而处于基本原始状态的森林类型
Ⅱ	有明显人为干扰的天然森林类型或处于演替后期的次生森林类型，以地带性顶极适应值较高的树种为主，顶极树种明显可见
Ⅲ	人为干扰很大的次生森林类型，处于次生演替的后期阶段，除先锋树种外，也可见顶极树种出现
Ⅳ	人为干扰很大，演替逆行，处于极为残缺的次生林阶段
Ⅴ	人为干扰强度极大且持续，地带性森林类型几乎破坏殆尽，处于难以恢复的逆行演替后期，包括各种人工林类型

7.2.4.4　调查时间及频次

作业标准地设置后，在作业前、后各调查1次，后期各因子调查间隔期根据下表确定，如有抚育作业需即时调查（表7–4）。

对照标准地与抚育标准地同时调查。

森林更新、森林健康、物种多样性在每年的7月、8月调查，其他调查内容要求在9月底至翌年4月底前完成。

表7-4　固定样地观测指标调查周期

调查因子	调查周期（年）
立地信息	5～10
树高、胸径	5
冠幅、层次、枝下高、生活力、起源、繁殖方式、损伤、干形质量、林木类型	5

（续）

调查因子	调查周期（年）
幼树、灌木层	5
幼苗、草本	5
土壤	5～10

7.3 效果分析

7.3.1 林分生长量分析

林分生长通常指其蓄积生长量，它是组成林分树木材积消长的累积。按照林分生长的特点，林分生长量大致可以分为：毛生长量、纯生长量、净增量、枯损量、抚育采伐量、进界生长量几类。

林分生长量的测定有"一次调查法确定林分蓄积生长量法"和"固定标准地法"。其中，一次调查法确定林分蓄积生长量法仅适宜预估期不长、林地株数不变的林分。鉴于森林培育成效监测的长期性，需采用固定标准地法。

7.3.1.1 胸径和树高生长量

在固定标准地上逐株测定每株树的 D_i 和 H_i（或用系统抽样方式测定一部分树高），利用期初、期末的两次测定结果计算胸径定期生长量 Z_D、树高定期生长量 Z_H。步骤如下：

①将标准地上的林木调查结果分径阶归类，求各径阶期初、期末的平均直径(或平均高)；

②期末、期初平均直径之差即为该径阶的直径定期生长量；

③以径阶中值及直径定期生长量作点，结合树高绘制定期生长量曲线；

④从曲线上查出各径阶的理论定期生长量，计算得出连年生长量。

7.3.1.2 材积生长量

固定标准地的材积是用二元材积表计算的，期初、期末两次材积之差即为材积生长量。由于固定标准地树高测定方式的不同,材积生长量的计算方法也不同。

①标准地上每木测高时，根据胸径和树高的测定值用二元材积表计算期初、期末的材积,两次材积之差即为材积生长量。

②用系统抽样方法测定部分树木的树高时，根据树高曲线导出期初、期末的一元材积表，计算期初、期末的蓄积量，两次蓄积量之差即为蓄积生长量。

7.3.1.3 典型案例

以木兰林场某长期固定样地为例，计算生长量。2014年和2020年调查固定标准地资料见附表A。

计算结果：

（1）胸径生长量

胸径生长量直接由固定样地两次检尺资料获得。2014年林分平均直径12.0cm，2020年林分平均胸径15.3cm。

6年间林分定期生长量为：15.3–12.0=3.3（cm）。

（2）树高生长量

通过图解法分别获得2014年林分平均高为9.0m，2020年林分平均高为10.6m。

6年间林分树高定期生长量为：10.6–9.0=1.6（m）。

（3）蓄积生长量

依据固定样地两次检尺资料，查询当地一元材积表获得林分期初蓄积量、期末蓄积量、枯损量、抚育采伐量、进界生长量。2014年林分蓄积量（V_a）为82.583m^3/hm^2，2020年林分蓄积量（V_b）为143.067m^3/hm^2，采伐量（C）为9.183m^3/hm^2，枯损量（M_0）为0，进界生长量（I）为0。

6年间蓄积净增量为：$\Delta=V_b-V_a-I=143.067-82.583-0=60.484(m^3/hm^2)$。

纯生长量为：$Z_{ne}=\Delta+C=V_b-V_a-I+C=60.484+9.183=69.667(m^3/hm^2)$。

毛生长量为：$Z_{gr}=Z_{ne}+M_0=\Delta+C+M_0=V_b-V_a-I+C+M_0=69.667+0=69.667(m^3/hm^2)$。

目标树生长量：2014年目标树平均胸径为15.6cm，蓄积量为11.100m^3/hm^2，2020年目标树平均胸径为21.1cm、蓄积量为23.033m^3/hm^2。

6年间胸径定期生长量为：21.1-15.6=5.5（cm）。

蓄积生长量为：23.033-11.100=11.933（m³/hm²）。

（4）结果分析

依据以上计算方式，计算目标树经营样地和对照样地林木平均生长情况，并进行分析，见表7-5。

表7-5　华北落叶松人工林目标树经营对林分生长的影响

类　型	林分胸径			林分蓄积量			目标树（优势木）胸径生长			目标树（优势木）单株材积（m³）		
	平均胸径（cm）	年平均生长量（cm）	生长率（%）	蓄积量（m³/hm²）	年生长量（m³/hm²）	生长率（%）	平均胸径（cm）	年平均生长量（cm）	生长率（%）	蓄积量（m³/hm²）	年平均生长量（m³）	生长率（%）
目标树经营	15.3	0.6	4.0	152.326	11.617	9.9	21.1	0.92	5.0	0.197	0.017	11.7
对　照	14.3	0.36	3.7	138.369	9.899	9.1	17.8	0.42	2.2	0.131	0.008	7.0

目标树经营6年的华北落叶松林的林分平均胸径生长率为4.0%，是对照样地的1.08倍，蓄积量生长率为9.9%，是对照样地的1.09倍；目标树的胸径年生长量达到了0.92cm，明显高于对照样地优势木的年生长量（0.42cm），前者的生长率为5.0%，为后者的2.27倍；目标树蓄积年生长量达到了11.617m³/hm²，为对照样地的1.17倍，生长率达到了9.9%，为对照样地的1.08倍。通过分析可以看出，目标树经营明显促进了林分的生长，尤其是目标树的生长，加快了大径级材的培育。

7.3.2　植物多样性分析

植物多样性是指植物在分子、细胞、物种、种群、群落以及植被等多个层次上，在结构、组成、功能等方面所具有的多样化。其中，以遗传、物种和植被类型多样性最具有代表性和层次性。此处仅分析物种多样性。

7.3.2.1　科属种组成分析

科属种的构成可以一定程度反应植物多样性的复杂成度。

7.3.2.2　物种多样性的测度

用来反映植物多样性的指数有很多，此处，仅采用以下几个指数。

①丰富度指数

$$S=物种数量$$

②香农–维纳（Shannon–Wiener）多样性指数

$$H = -\sum_{i=1}^{S} P_i \ln P_i$$

③辛普森（Simpson）指数

$$\lambda = 1 - \sum_{i=1}^{S} P_i^2$$

式中：P_i——种 i 的相对频度；

　　　S——种 i 所在样方的物种总数。

④皮卢（Pielou）均匀度指数

$$E=H \ln S$$

⑤重要值

a.乔木重要值

$$IV=（相对多度＋相对显著度＋相对频度）/3$$

b.灌木和草本植物重要值

$$IV=（相对盖度＋相对多度）/2$$

7.3.2.3　典型案例

以河北省木兰围场国有林场龙头山分场某个长期固定样地为例，分析植物多样性。2014年和2020年调查固定标准地资料见附表B。

（1）科属种构成

统计调查植物科属种，分析科属种组成。

①科属种的统计：通过查询资料，对调查表中的内容进行核实，同时填写相应的科属信息，形成样地内植物科属种信息统计表（表7-6）。

表7-6　木兰林场森林培育固定样地（LTS011）植物两次调查科属种信息统计

分　类	科	属	种	2014年			2020年		
				科	属	种	科	属	种
乔　木	松　科			√			√		
		落叶松属			√			√	
			落叶松			√			√
	蔷薇科			√			√		
		花楸属						√	
			花　楸						√
灌　木	蔷薇科			√			√		
		蔷薇属			√			√	
			山刺玫			√			√
		绣线菊属			√			√	
			土庄绣线菊			√			√
	忍冬科						√		
		忍冬属						√	
			金花忍冬						√
草　本	百合科			√			√		
		黄精属			√			√	
			玉　竹			√			√
			小玉竹						√
	败酱科						√		
		缬草属						√	
			缬　草						√

（续）

分　类	科	属	种	2014年			2020年		
				科	属	种	科	属	种
	车前科						√		
		车前属						√	
			平车前						√
	豆　科			√			√		
		野豌豆属			√			√	
			广布野豌豆			√			√
			歪头菜			√			√
	禾本科			√			√		
		鹅观草属			√				
			鹅观草			√			
草　本		早熟禾属			√			√	
			林地早熟禾			√			√
	堇菜科			√			√		
		堇菜属			√			√	
			球果堇菜			√			√
			早开堇菜			√			√
	景天科			√			√		
		费菜属			√			√	
			费　菜			√			√
	桔梗科			√			√		
		风铃草属			√			√	

（续）

分　类	科	属	种	2014年			2020年		
				科	属	种	科	属	种
			紫斑风铃草			√			√
	菊　科			√			√		
		风毛菊属						√	
			硬叶乌苏里风毛菊						√
		蒿　属			√			√	
			野艾蒿			√			√
		菊　属			√			√	
			小红菊			√			√
		薯　属			√				
			高山薯			√			
草　本		蒲公英属						√	
			蒲公英						√
	藜　科			√			√		
		藜　属						√	
			小　藜						√
		轴藜属			√			√	
			轴　藜			√			√
	蓼　科						√		
		蓼　属						√	
			叉分蓼						√
			拳　参						√

（续）

分　类	科	属	种	2014年			2020年		
				科	属	种	科	属	种
草　本	牻牛儿苗科			√			√		
		老鹳草属			√			√	
			草原老鹳草			√			√
			鼠掌老鹳草			√			√
	毛茛科			√			√		
		毛茛属			√			√	
			毛　茛			√			√
		唐松草属			√			√	
			东亚唐松草			√			√
		乌头属			√			√	
			北乌头			√			√
			草乌头			√			
	木贼科			√			√		
		木贼属			√			√	
			草问荆			√			√
	茜草科			√			√		
		拉拉藤属			√			√	
			北方拉拉藤			√			√
	蔷薇科			√			√		
		地榆属			√				
			地　榆			√			

（续）

分　类	科	属	种	2014年			2020年		
				科	属	种	科	属	种
		龙芽草属			√				
			龙芽草			√			
		委陵菜属			√			√	
			三叶委陵菜			√			√
		悬钩子属			√			√	
			石生悬钩子			√			√
	伞形科			√			√		
		独活属			√			√	
			短毛独活			√			√
		山芹属							√	
			山　芹						√
		葛缕子属			√				
			田葛缕子			√			
	莎草科			√			√		
		薹草属			√			√	
			披针薹草			√			√
	石竹科			√			√		
		孩儿参属			√			√	
			异花假繁缕			√			√

　　②科属种构成分析：2020年数据与2014年原有科属比较，菊科增加1属，蔷薇科及禾本科各减少1属。2020年新增忍冬科、败酱科、车前科、蓼科4科，减少2属，新增5种（表7-7）。这表明样地内植物物种构成复杂性增强。

表7-7　木兰林场森林培育固定样地（LTS011）植物科、属、种构成

科	2014年	2020年
	属/种	属/种
松　科	1/1	1/1
忍冬科		1/1
百合科	1/1	1/2
败酱科		1/1
车前科		1/1
豆　科	1/2	1/2
禾本科	2/2	1/1
堇菜科	1/2	1/2
景天科	1/1	1/1
桔梗科	1/1	1/1
菊　科	3/3	4/4
藜　科	1/1	2/2
蓼　科		1/2
牻牛儿苗科	1/2	1/2
毛茛科	3/4	3/3
木贼科	1/1	1/1
茜草科	1/1	1/1
蔷薇科	6/6	5/5
伞形科	2/2	2/2
莎草科	1/1	1/1
石竹科	1/1	1/1

　　根据表7-8统计数据可知，2014年和2020年样地植物科构成中，小型科分别占41.2%、47.6%，单种科分别占52.9%、52.4%，仅2014年调查数据中有1个较小科（6～9种），没有大科（＞50种）、较大科（31～50种）。这同样体现了样地物种组成复杂性。

表7-8　木兰林场森林培育固定样地（LTS011）植物科的分组统计

年　度	类　别		单种科（1种）	小型科（2～5种）	较小科（6～9种）	中型科（10～19种）	较大科（20～50种）	大　科（>50种）
2014	科	数　量	9	7	1	—	—	—
		比例（%）	52.9	41.2	5.9	—	—	—
	所含属	数　量	9	13	6	—	—	—
		比例（%）	32.1	46.4	21.4	—	—	—
	所含种	数　量	9	17	6	—	—	—
		比例（%）	28.1	53.1	18.8	—	—	—
2020	科	数　量	11	10	—	—	—	—
		比例（%）	52.4	47.6	—	—	—	—
	所含属	数　量	11	21	—	—	—	—
		比例（%）	34.4	65.6	—	—	—	—
	所含种	数　量	11	26	—	—	—	—
		比例（%）	29.7	70.3	—	—	—	—

　　③林分垂直结构植物科属种的构成分析见表7-9。

表7-9　木兰林场森林培育固定样地（LTS011）植物科属种组成

类　别	调查年份	科	属	种
乔　木	2014	1	1	1
	2020	2	2	2

（续）

类　别	调查年份	科	属	种
灌　木	2014	1	2	2
	2020	2	3	3
草　本	2014	16	25	29
	2020	19	27	32
合　计	2014	17	28	32
	2020	21	32	37

注：乔木、灌木、草本的相同科属不重复计算。

由表7-9可看出，2014年样地内有17科28属32种植物。其中乔木有1科1属1种，灌木有1科2属2种，草本有16科25属29种。2020年样地内有21科32属37种植物。其中乔木有2科2属2种，灌木有3科3属3种，草本有19科27属32种。

综合分析结果：对两组数据进行比较可知，2020年较2014年增加了4科4属5种植物，其中乔木、灌木各增加1种，草本增加3种。因此，2020年样地垂直结构上植物构成更加复杂。

（2）重要值

根据重要值计算公式计算样地内每个植物物种的重要值。本案例仅分析林下草本植物重要值（表7-10）。

表7-10　木兰林场森林培育固定样地（LTS011）林下草本植物重要值

种　名	重要值	重要值
北方拉拉藤	1.66	0.90
北乌头	4.48	3.30
草问荆	1.16	1.51
草乌头	0.75	0.00
草原老鹳草	1.06	0.55
叉分蓼	0.00	0.22
地　榆	0.75	0.00

（续）

种　名	重要值	重要值
东亚唐松草	4.44	10.01
短毛独活	0.37	1.11
鹅观草	2.82	0.00
费　菜	1.56	1.27
高山蓍	0.43	0.00
广布野豌豆	0.57	0.21
林地早熟禾	0.86	0.21
龙芽草	1.63	0.00
毛　茛	2.41	0.30
蓬子菜	0.53	0.00
披针薹草	11.98	8.84
平车前	0.00	1.30
蒲公英	0.00	0.50
球果堇菜	0.87	5.97
拳　参	0.00	0.30
三叶委陵菜	0.78	0.28
山　芹	0.00	16.48
石生悬钩子	0.91	0.30
鼠掌老鹳草	2.32	5.32
田葛缕子	4.83	0.00
歪头菜	4.49	3.35
小红菊	6.97	7.42
小　藜	0.00	2.93
小玉竹	0.00	0.42
缬　草	0.00	0.85

（续）

种　名	重要值	重要值
野艾蒿	4.66	0.30
异花假繁缕	3.28	16.59
硬叶乌苏里风毛菊	0.00	0.80
玉　竹	1.26	0.22
早开堇菜	0.46	0.66
轴　藜	7.47	1.37
紫斑风铃草	24.24	6.19

通过表7-10可以看出，两次调查中，样地内植物优势种随着物种结构变化出现了变化。重要值变化较大的有：紫斑风铃草的重要值降低了18.05，东亚唐松草的重要值升高了5.57，异花假繁缕的重要值升高了13.31，披针薹草的重要值略有下降，下降了3.14。新出现的山芹重要值为16.48。

样地内物种重要值的变化反映了其生境的变化。结合植物生活习性，可分析出2020年较2014年样地土壤含水量变大，光照增强（风铃草喜干耐旱，忌水湿。唐松草性喜湿润，繁缕喜温和湿润的环境，薹草多生于阳坡干燥草地，山芹多生长于荒坡、草地、林缘）。

（3）物种多样性指数

根据多样性指数计算公式计算各个物种的多样性指数。计算结果见表7-11。

表7-11　木兰林场森林培育固定样地（LTS011）植物多样性分析

植物类别	年　份	丰富度指数	Simpson指数	Shannon-Wiener指数	Pielou均匀度指数
乔　木	2014	1			
乔　木	2020	2	0.020	0.056	0.081
灌　木	2014	2	0.095	0.199	0.286
灌　木	2020	3	0.593	0.965	0.878
草　本	2014	30	0.907	2.786	0.819
草　本	2020	32	0.911	2.753	0.794

通过表7-11可知，样地内乔木植物和灌木植物丰富度、Simpson指数、Shannon-Wiener指数、Pielou均匀度指数均上升，草本植物丰富度、Simpson指数略有上升，Shannon-Wiener指数、Pielou均匀度指数略有下降。

总体来说，6年间样地内植物物种增加，构成复杂性增强，植物优势种有少量变化，植物多样性略有上升，但是变化不明显。

参考文献

北京市园林绿化国际合作项目管理办公室, 2011. 近自然森林经营技术规程: DB11/T 842–2011[S]. 北京: 北京市质量技术监督局.

崔鹏程, 2017. 近自然森林经营中的目标树作业法[J]. 山西林业, 246(1): 20–21, 42.

翟明普, 马履一, 2021. 森林培育学[M]4版. 北京: 中国林业出版社.

国家林业和草原局森林资源管理司, 等, 2022. 林地保护利用规划林地落界技术规程: LY/T 1955–2022[S]. 北京: 中国标准出版社.

河北省木兰围场国有林场, 2022. 木兰林场育林精要[M]. 北京: 中国林业出版社.

贺志龙, 张芸香, 郭晋平, 2017. 我国近自然森林经营技术与效果评价研究进展[J]. 山西农业科学, 45(9): 1566–1582.

李凤日, 2019. 测树学[M]4版. 北京: 中国林业出版社.

陆元昌, 刘宪钊, 雷相东, 等, 2017. 人工林多功能经营技术体系[J]. 中南林业科技大学学报, 37(7): 1–10.

陆元昌, 栾慎强, 张守攻, 等, 2010. 从法正林转向近自然林: 德国多功能森林经营在国家、区域和经营单位层面的实践[J]. 世界林业研究, 23(1): 1–11.

沙轶, 陈玮, 2020. 湖北省多功能近自然森林经营技术初探[J]. 湖北林业科技, 49(1): 71–73.

邵青还, 2003. 对近自然林业理论的诠释和对我国林业建设的几项建议[J]. 世界林业研究, 16(6): 1–5.

沈威, 2022. 生态价值转化为国有林场振兴发展优势的研究——以木兰林场为例[EB/OL]. [2022–11–30]. http://lycy.hebei.gov.cn/ml/shaw_article.php?id=10789.

唐嘉锴, 陶胜, 张攀, 2021. 近自然森林经营理论在岐山国有林场示范基地中的应用[J]. 农业与技术, 41(12): 64–67.

王丹丹, 王艳梅, 王丹, 等, 2024. 江苏南京长江新济洲国家湿地公园的维管植物物种组成与群丛特征[J]. 湿地科学, 22(1): 106–119.

吴水荣, 海因里希·施皮克尔, 陈绍志, 等, 2015. 德国森林经营及其启示[J]. 林业经济(1): 50–55.

许新桥, 2006. 近自然林业理论概述[J]. 世界林业研究, 19(1): 10–13.

赵建成, 孔照普, 2008. 河北木兰围场植物志[M]. 北京: 科学出版社.

中国林业科学研究院资源信息研究所, 西北农林科技大学, 2017. 油松林近自然抚育经营技术规程: LY/T 2911—2017[S]. 北京: 国家林业局.

周长瑞, 1996. 国内外林业经营思想和理论简介[J]. 山东林业科技(2): 1–4.

附　表

附表A　木兰林场森林培育固定样地（LTS011）两次测定资料

编号	树种	状态	2014年检尺直径（cm）	2014年树高（m）	2020年检尺直径（cm）	2020年树高（m）
1	落叶松	目标树	14.6	11.5	18.4	14.0
2	落叶松	采伐木	9.4		10.9	
3	落叶松	保留木	12.3	10.2	15.6	
4	落叶松	保留木	9.3		10.3	11.0
5	落叶松	保留木	13.8		17.9	
6	落叶松	保留木	11.6		15.4	14.3
7	落叶松	保留木	11.3		13.8	
8	落叶松	保留木	13.7	8.5	16.4	
9	落叶松	采伐木	7.8		9.2	13.2
10	落叶松	保留木	16.6	10.7	21.6	
11	落叶松	采伐木	8.2	5.2	9.3	
12	落叶松	保留木	12.9		15.5	9.9
13	落叶松	目标树	15.6	11.0	21.4	
14	落叶松	保留木	12.7		16.4	13.1
15	落叶松	保留木	12.8		16.7	
16	落叶松	保留木	10.2	9.2	11.7	
17	落叶松	保留木	14.7		18.4	
18	落叶松	保留木	13.0		17.0	10.7
19	落叶松	保留木	11.7		15.1	
20	落叶松	保留木	13.3		15.6	
21	落叶松	保留木	11.0		14.5	
22	落叶松	保留木	15.2		20.9	15.7
23	落叶松	保留木	9.6		13.2	
24	落叶松	保留木	10.5		12.9	

（续）

编 号	树 种	状 态	2014年检尺直径（cm）	2014年树高（m）	2020年检尺直径（cm）	2020年树高（m）
25	落叶松	采伐木	9.1		10.5	
26	落叶松	保留木	14.9		18.9	
27	落叶松	目标树	13.8		18.6	
28	落叶松	保留木	12.8		16.3	
29	落叶松	采伐木	15.4		20.1	
30	落叶松	保留木	10.9		13.8	
31	落叶松	保留木	13.6		17.0	
32	落叶松	枯立木	9.0		9.5	
33	落叶松	保留木	11.5		14.5	
34	落叶松	保留木	12.1		15.5	14.9
35	落叶松	保留木	12.4		14.3	
36	落叶松	保留木	13.2		18.0	11.2
37	落叶松	保留木	11.4		14.5	
38	落叶松	保留木	12.2		15.3	
39	落叶松	采伐木	8.1		8.8	
40	落叶松	保留木	7.2	7.2	9.6	
41	落叶松	保留木	11.0		14.4	
42	落叶松	保留木	12.6		16.0	12.0
43	落叶松	保留木	11.5		14.5	
44	落叶松	保留木	8.6		12.4	
45	落叶松	保留木	11.9		14.7	
46	落叶松	保留木	10.6		13.1	
47	落叶松	保留木	9.1		11.5	
48	落叶松	保留木	12.2		13.6	
49	落叶松	采伐木	9.0		12.3	

（续）

编　号	树　种	状　态	2014年检尺直径（cm）	2014年树高（m）	2020年检尺直径（cm）	2020年树高（m）
50	落叶松	保留木	14.4		18.8	
51	落叶松	保留木	10.0		12.9	9.8
52	落叶松	保留木	11.9		15.0	
53	落叶松	保留木	11.7		14.6	
54	落叶松	保留木	12.9		14.8	
55	落叶松	保留木	10.9		14.8	
56	落叶松	目标树	15.1		21.6	
57	落叶松	保留木	10.5		14.6	
58	落叶松	保留木	10.1		14.1	
59	落叶松	保留木	13.9		16.4	
60	落叶松	采伐木	8.4		8.8	12.1
61	落叶松	保留木	14.4		19.1	10.1
62	落叶松	保留木	7.4		10.0	
63	落叶松	目标树	17.4		22.5	13.8
64	落叶松	采伐木	6.4	5.0	7.3	
65	落叶松	采伐木	7.2		9.1	
66	落叶松	保留木	9.2		10.8	
67	落叶松	保留木	12.4		15.5	
68	落叶松	保留木	14.2		17.6	
69	落叶松	采伐木	10.3		12.1	
70	落叶松	保留木	14.1		18.3	
71	落叶松	保留木	11.0		13.6	14.5
72	落叶松	保留木	12.6		15.5	
73	落叶松	保留木	15.3		19.1	
74	落叶松	保留木	11.1		14.4	

（续）

编　号	树　种	状　态	2014年检尺直径（cm）	2014年树高（m）	2020年检尺直径（cm）	2020年树高（m）
75	落叶松	保留木	11.0		14.1	
76	落叶松	保留木	15.8		21.5	
77	落叶松	保留木	10.6		12.8	
78	落叶松	保留木	10.0		12.1	
79	落叶松	保留木	11.7		16.6	
80	落叶松	目标树	14.9		20.4	
81	落叶松	保留木	11.6		11.7	
82	落叶松	保留木	10.7		13.9	
83	落叶松	保留木	12.5		15.4	
84	落叶松	保留木	12.7		17.0	
85	落叶松	保留木	12.0		14.2	
86	落叶松	采伐木	8.0		10.3	
87	落叶松	保留木	8.5		10.5	
88	落叶松	保留木	13.8		18.5	
89	落叶松	保留木	13.7		17.1	
90	落叶松	保留木	8.3		11.1	
91	落叶松	保留木	11.0		14.4	
92	落叶松	保留木	6.1		8.2	
93	落叶松	保留木	8.1		10.2	
94	落叶松	保留木	9.3	8.2	10.4	
95	落叶松	目标树	17.6		24.3	
96	落叶松	保留木	14.0		19.6	
97	落叶松	保留木	13.0		15.8	
98	落叶松	保留木	15.7		19.3	

附表B　木兰林场森林培育固定样地（LTS011）林下植物多样性两次调查资料

类　别	样方编号	2014年				2020年			
		种　名	株数	高度（m）	盖度（%）	种　名	株数	高度（m）	盖度（%）
乔木层	1	落叶松	98	9.30	70	落叶松	98	13.30	70
灌木层	1	山刺玫	4	0.58	4	山刺玫	4	0.45	3
灌木层	2								
灌木层	3	山刺玫	6	1.27	4	土庄绣线菊	2	0.47	0.5
灌木层	4								
灌木层	5	山刺玫	9	0.42	4	土庄绣线菊	2	0.48	0.5
灌木层	5	土庄绣线菊	1	0.66	1.6	金花忍冬	1	0.45	0.5
草本层	1	草原老鹳草	3	0.06	0.8	草原老鹳草	2	0.10	1.5
草本层	1	东亚唐松草	5	0.12	0.8	东亚唐松草	2	0.14	4
草本层	1	球果堇菜	3	0.06	0.2	球果堇菜	2	0.03	1
草本层	1	三叶委陵菜	1	0.14	1.6	三叶委陵菜	1	0.50	0.8
草本层	1	歪头菜	5	0.08	1	歪头菜	2	0.09	0.5
草本层	1	轴藜	26	0.04	1.5	轴藜	5	0.08	1.5
草本层	1	紫斑风铃草	2	0.11	0.3	紫斑风铃草	6	0.13	6
草本层	1	北乌头	6	0.07	0.6	北乌头	2	0.40	7
草本层	1	野艾蒿	10	0.33	2.2	小藜	13	0.05	3
草本层	1	林地早熟禾	2	0.18	1	林地早熟禾	1	0.17	0.1
草本层	2	草问荆	1	0.18	0.1	异花假繁缕	1	0.10	1.5
草本层	2	鼠掌老鹳草	2	0.05	0.6	草问荆	1	0.15	1
草本层	2	歪头菜	1	0.05	0.3	鼠掌老鹳草	2	0.10	2.5
草本层	2	早开堇菜	1	0.08	0.6	歪头菜	3	0.12	0.2
草本层	2	东亚唐松草	3	0.06	0.4	早开堇菜	3	0.03	0.5
草本层	2	草乌头	1	0.40	1.5	紫斑风玲草	15	0.07	6
草本层	2	高山蓍	1	0.36	0.5	披针薹草	3	0.12	3

（续）

类 别	样方编号	2014年				2020年			
		种 名	株数	高度（m）	盖度（%）	种 名	株数	高度（m）	盖度（%）
草本层	2	广布野豌豆	2	0.10	0.1	硬叶乌苏里风毛菊	2	0.08	4
草本层	2	异花假繁缕	12	0.10	5	小红菊	22	0.10	30
草本层	2					费 菜	3	0.05	1.5
草本层	2					缬 草	1	0.13	1.5
草本层	3	东亚唐松草	2	0.26	2.4	东亚唐松草	19	0.08	30
草本层	3	披针薹草	19	0.09	8.1	披针薹草	20	0.13	20
草本层	3	野艾蒿	4	0.17	0.6	野艾蒿	1	0.13	1
草本层	3	玉竹	3	0.12	1.4	玉 竹	1	0.04	0.2
草本层	3	北方拉拉藤	5	0.30	1	北方拉拉藤	3	0.07	3
草本层	3	龙芽草	2	0.18	0.3	叉分蓼	1	0.08	0.2
草本层	3	蓬子菜	1	0.66	0.8	平车前	4	0.06	5
草本层	3					球果菫菜	3	0.04	2.5
草本层	3					鼠掌老鹳草	8	0.13	10
草本层	3					歪头菜	8	0.12	2.2
草本层	3					小玉竹	2	0.04	0.2
草本层	3					异花假繁缕	8	0.06	6
草本层	3					蒲公英	1	0.10	3
草本层	4	草问荆	2	0.17	1	草问荆	2	0.20	2
草本层	4	鼠掌老鹳草	1	0.33	1	鼠掌老鹳草	1	0.06	0.5
草本层	4	紫斑风铃草	52	0.12	30	紫斑风铃草	3	0.09	1.5
草本层	4	地 榆	1	0.23	1.5	北乌头	1	0.13	2
草本层	4	鹅观草	10	0.18	0.4	东亚唐松草	4	0.10	6
草本层	4	披针薹草	3	0.23	0.1	广布野豌豆	1	0.07	0.1
草本层	4	小红菊	14	0.13	10	球果菫菜	2	0.10	3

（续）

类　别	样方编号	2014年				2020年			
		种　名	株数	高度（m）	盖度（%）	种　名	株数	高度（m）	盖度（%）
草本层	4					拳　参	1	0.04	1
草本层	4					山　芹	57	0.08	50
草本层	4					轴　藜	1	0.04	0.1
草本层	5	北乌头	4	0.67	5	北乌头	5	0.28	8
草本层	5	东亚唐松草	2	0.09	0.2	东亚唐松草	2	0.20	6
草本层	5	短毛独活	1	0.17	0.3	短毛独活	4	0.10	3
草本层	5	费　菜	4	0.07	1.5	费　菜	2	0.05	1.1
草本层	5	披针薹草	8	0.10	4	披针薹草	7	0.17	5
草本层	5	石生悬钩子	1	0.11	2	石生悬钩子	1	0.04	1
草本层	5	鼠掌老鹳草	3	0.16	0.6	鼠掌老鹳草	6	0.10	6
草本层	5	歪头菜	2	0.15	6	歪头菜	2	0.10	0.2
草本层	5	毛　茛	3	0.11	5	毛　茛	1	0.10	1
草本层	5	异花假繁缕	11	0.04	1	异花假繁缕	40	0.05	60
草本层	5	龙芽草	3	0.16	0.6	草问荆	2	0.20	2
草本层	5					球果堇菜	12	0.07	15
草本层	5					缬　草	1	0.23	3
更新层	1								
更新层	2								
更新层	3								
更新层	4					花　楸	1	0.15	0.2
更新层	5								